會計思維

你的最強理財武器

会計
Hacks!

小山龍介
RYUSUKE KOYAMA

山田真哉
SHINYA YAMADA

阿修茵・譯

會計思維理財秘訣 7 大工具

1 聰明家計簿

跟傳統家計簿不同，不需要記錄檢視所有的支出項目，只需要看餘額就好。方法相當簡單，任何人都可以上手。藉由檢視資產與負債的平衡狀況，讓你確實掌握家庭收支狀況，甚至可以學會企業會計的基本概念。可以越記越開心，資產也跟著增加了。

2 「無形負債」清單

因為買車而隨之產生的停車場租金、保險費、驗車費等附加費用，都會形成「無形負債」，將這些費用條列並確實掌握。

3 拿鐵因子清單

為了修正「拿鐵因子」這種無意識的消費花費，將這些費用條列出來。

4 儲蓄用的銀行帳戶

「優先將錢付給自己」是儲蓄的第一步，善用不同的專用帳戶分開管理資產。

5 預付型 IC 卡

幫你輕鬆管理預算，還可搭配消費種類，使用多張預付型IC卡。

6 需要 & 不需要文件盒

檢視支出非常重要。只要將銷售收據及發票，分為需要及不需要兩大類分類收著，就能效確認支出狀況，完成家庭收支管理的PDCA循環。

7 用透明文件夾收集收據

收據及發票是重要的支出記錄，藉由記錄付出的金錢轉換成什麼東西，培養會計觀念。

資產		4 月 30 日	5 月 15 日	6 月 20 日	7 月 30 日
現金	錢包	51	35	43	59
	抽屜	100	100	100	100
銀行存款	A 銀行	1,021	1,057	1,002	1,121
	B 銀行	212	235	209	215
	C 銀行	498	475	521	505
股票	總額	523	490	495	512
投資信託	總額	1,500	1,491	1,495	1,498
債券	總額				
不動產	物件 A	30,000	30,000	30,000	30,000
	物件 B				
其他					
資產總計		33,905	33,883	33,865	34,009
負債					
房貸		35,012	35,012	34,949	34,823
車貸					
卡貸					
其他					
負債總計		35,102	35,102	34,949	34,823
淨資產					
淨資產		-1,107	-1,129	-1,084	-814

A
C
D
F
G

						目標金額
						60
						100
						1,500
						300
						500
						500
						2,000
						30,000
						34,960
						34,500
						34,500
						460

聰明家計簿

A 日期
採取隨意規則，想要記錄的時候再記就好。

B 錢包
使用紙鈔規則，不計算零錢，藉此培養經營者視角。

C 其他
自家用車、電腦等，超過一定使用年限價值就會為零。因此基於殘值歸零規則，不計入資產中，藉此可達到理性購物效果。

D 資產餘額部分
指檢視餘額的餘額規則，這樣儲蓄的情況就可發揮令人越存越開心的小豬撲滿效果。

E 房貸
房貸也要利用餘額規則掌握，可產生財務緊縮效果。

F 車貸
除了車貸以外，也要注意因買車伴隨而來的龐大附加費用。

G 淨資產部分
資產減去負債，需要注意不要陷入無力清償的陷阱。

拿鐵因子清單 （日圓）

	一次	一個月	一年
1 罐裝果汁 （1 天 1 罐，20 天份）	120	2,400	28,800
2 咖啡店的咖啡 （1 天 1 杯，20 天份）	340	6,800	81,600
3 沒讀完的書 （1 個月 1 本）	1,500	1,500	18,000
4 無謂的聚餐 （1 個月 1 次）	3,500	3,500	42,000
5 深夜回家的計程車費 （1 個月 1 次）	5,000	5,000	60,000
合計			230,400

日常中無意識花掉的小錢，累積起來也是筆大金額。計算出整年度的花費，糾正「愛花錢的生活習慣病」。

「無形負債」清單 （日圓）

資產	附帶產生的費用	一年的總額
	停車位租金	324,000
	汽車稅	45,000
家用汽車	保險費	120,000
	驗車費	120,000
	油錢	72,000
	管理費	180,000
	修繕公費	1440,000
公寓	火災保險	24,000
	房屋稅	90,000
影印機	墨水費用	25,000

就算物品本身是資產，但如果會連帶產生必須支付的附加費用，就會成為「負債」，將這些附加費用列出來，讓「無形負債」可以被看見。

第五章・投資秘訣

第八章・「超越」會計思維秘訣

感覺與計算的資產負債表

小山：次級房貸危機、雷曼兄弟破產，全球開始進入景氣低迷的狀
　　　　況，這意味著我們更需要具備會計思維方式了。

山田：我覺得在這個凡事探求本質的年代，僅僅倚靠流行的知識和
　　　　一些表面的技巧，已經不能應付這種重大情況了。這時就更
　　　　需要人類長年積累的寶貴思維方式，其中之一就是會計的思
　　　　維方式。

小山：如果學會了會計思維這種本質的技巧，那麼即使面對現在這
　　　　些複雜的問題，也能夠遊刃有餘，洞悉未來。

山田：經常會有人提起**感覺**與**計算**。不過大多數的人都是依靠著感

覺而活，所以才會買一些不划算的東西，或是丟掉重要的東西。

小山：如果僅憑藉感覺，是不可能做出正確判斷的。為了和感覺取得平衡，我們就必須培養計算的觀念。

山田：很可惜的是99%的人都不具備這種計算的觀念。唯有掌握了感覺和計算這兩種思維方式，才能看到生活的兩個面向。這麼一來，也就可以加倍享受人生了。

小山：如果只是憑感覺，會讓人缺乏安全感。如果擁有了計算的能力，不安的感覺也會隨之消除，就能實現「零壓力」。甚至還能洞悉未來走向，生活也變得更加輕鬆了。

山田：正如本書內容中所介紹的，會計思維注重的就是平衡。以這樣的思維為基礎，就能做出將「資產」和「負債、淨資產」取得平衡的資產負債表。如果也能將生活做出一個能將**理智與情感達到平衡的資產負債表就好了。**

小山：不會受到感覺影響，但又不光只是計算，這樣的人肯定很有魅力吧。

讓世界靜止，擷取片段畫面的聰明家計簿

小山： 為了讓大家掌握會計思維，我們提出了**聰明家計簿**這個好工具。它能幫助你在實際操作中掌握會計思維，而且效果非常的好。

山田： 市面上每本書都在提倡「要實踐」，但若沒有好處，誰會乖乖地去實踐呢？要看到好處才行啊。在本書中，好處就明擺在那裡，只要這麼做就能存到錢喔（笑）。我們整本書的結構就是誘使你去實踐，這可能是最厲害的地方了。

小山： 不過話說回來，以往都沒有這樣的家計簿，這是為什麼呢？

山田： 因為以往的家計簿重視**「動態論」**，關注點都在「花了多少錢」上。而實際上最重要的是描述靜止狀態下是怎樣的情況，也就是**「靜態論」**。會計界也開始從動態論轉向靜態論，而我們將這種觀念融入了家計簿之中，也就有了這次的聰明家計簿。從這個意義來講，這本書算是體現了會計界的最新潮流。

小山： 這種會計潮流，只用言語說明可能有點難以理解，我們正好藉由聰明家計簿這工具，可以更容易理解和實踐。

山田：透過聰明家計簿，就能**擷取世界的片段畫面**。就像攝影師做的事情一樣，讓世界變成靜止狀態，然後截取當下畫面。某月某日某時，我手頭上有多少錢，都能看得一清二楚。

小山：無論是公司、企業，或是個別的企畫專案，也都可以適用這個方法。

山田：如果是影片的話，動態的畫面不斷變換，無法看得太清楚。而如果是照片，則本質都浮現出來了，就能看清楚了。

小山：在一開始提過，會計思維能讓我們看清本質，其實就是從這裡來的觀念。

山田：例如關於兒童津貼的政策，如果用動態論來看，就會陷入「津貼是否真的用於孩子身上」這種無聊的討論。但是如果用靜態論來看，就能夠掌握有小孩的家庭的資產變化。我們可以檢視推行這一政策前後，家庭資產發生了怎樣的變化，透過這樣的檢視，就能清楚兒童津貼政策是否有效果。

小山：當一切變得靜止之後，我們的視野也可以變得更加開闊。還可以看到對整個社會造成的影響，對景氣的衝擊，對產業結構的影響等等。

山田：俯視全局，就能讓我們看清事物的本質。

小山：當一切變得靜止之後，我們的視野也可以變得更加開闊。可以看到對整個社會造成的影響，對經濟的影響，對產業結構的影響等等。

山田：俯視全域，**就能讓我們看清事物的本質**。

用會計思維看幕府末期

小山：會計思維不僅能拓寬我們的視野，還能改變我們掌握時間的方法。

山田：現在《龍馬傳》之類描寫幕末到明治時代的電視劇很熱門。如果我們用會計視角來看幕府末期到現在的這段時間，會發現日本人的資產有著飛躍性的增加。人口也從當時的三千萬人變成現在的一億兩千萬人，增加了四倍之多。可以看出當時國家已經進入資產大幅膨脹的時代。

小山：電視劇裡，阪本龍馬目睹了黑船的強大，被美國的實力所震撼，深感日美兩國國力的差距之大。但如今日本的實力，也就是從那時候開始，一點一滴積累起來的。雖然在這過程

中，人們還是會為了暫時性的產業景氣變化而時喜時憂，但如果將眼光拉長遠來看的話，我們會發現，一路走來，日本已經完成了非常大的成長。

山田：借助會計思維，我們便可以掌握日本整體的經濟規模。泡沫經濟崩潰後的日本被稱為是「失落的十年」，但日本經濟到底倒退了多少，失去了多少，我想如果從整體經濟規模的維度來看，或許看法也會有所不同。

小山：也就是說，如果擁有了會計思維，就能讓人**擁有綜觀全局的視野**。

山田：有人可以從心裡去感受這樣的整體局勢，也有人能夠解讀具象徵性的事件。不過最簡單的捷徑，還是看數字資料說話。對於接收到的某個資訊，不是膚淺而急躁地下結論，而應該用貨幣價值掌握事物，再據此整理思路。這就是我們說的會計思維。

會計的魅力

小山：現在是一個資訊爆炸的時代，面對資訊的洪流，大家都很推崇如同反射動作般的行為，覺得能夠做出本能反應是最好的。例如不用花腦筋思考就能完成工作的超高效率工作術。

山田：比如說秒回郵件之類的（笑）。

小山：追求效率本來也是無可厚非，但是如果沒有掌握整體局勢的觀念，那就只是單純的輕率行為。這樣的人是成不了大事的。而掌握了會計思維，就等於掌握了一種綜觀全局的視野。我希望二、三十歲的年輕人，能夠趁年輕先學會培養這種綜觀全局的重要視野。

山田：我也希望對會計很有信心的人，像是從事會計工作的人或是具備豐富會計知識的人，也能來讀一讀這本書。會計其實已經昇華到了哲學或思考方法的層次，所以可以運用到所有面向。

小山：在這本書中，也將技能比作資產，也從會計視角來看待自我投資。

山田：我想要傳遞給大家，會計能夠應用在各個方面，我覺得光是

傳遞這個訊息本身就很有意義。我想告訴大家，會計是那麼的寬廣，那麼的無限，會計是非常美麗的唷（笑）。

小山：（笑）

山田：會計最有魅力的地方在於，它是一種可以同時顯示原因和結果的技術，這是很讓人感動的。我覺得自己就是被這一特質所吸引，才會一直持續著會計師的工作。

小山：說到原因和結果，我想起了被稱為人生哲學之父的詹姆士・艾倫（James Allen）寫的《我的人生思考》。書裡說到，人若想要成長，就必須正確認識原因與結果的關係，其實這也是會計思維的出發點。或許正因為有這種放之四海而皆準的出發點，會計思維才能應用到各個領域吧。

會計是最強大的世界語言

山田：會計思維發展至今，儼然已經成為全世界共通的思考方式了。走遍全球，你找不到一個沒有會計的國家。會計是世界共通的語言，作為一種思維方式，也可以說會計是一個世界性的宗教。

小山：有了會計，我們就可以進行跨越國界與文化的溝通。

山田：只要做好會計分錄，就能跟其他國家的會計溝通。會計是可以與肢體語言不相上下，非常有力量的語言。

小山：在參與全球規模的商業競賽時，會計可說是一定要懂的基本規則。

山田：最近不少人開始討論兒童金融教育的重要性，不過以我個人角度而言，首先必須讓孩子們培養會計知識。

小山：利用投資增加財富很重要，但如果沒有會計知識的話，就很容易變成單純的賭博而已。

山田：就像過去的人們都是先學會打算盤，再開始學習做生意，所以現在的人要先學會會計，然後再學習如何投資，這樣的步驟才對。以前有「讀書、識字、學珠算」的說法，所以首先該做的就是學習如同珠算的會計，先打好基礎是很重要的。

小山：對於社會人士來說也是一樣的。先好好掌握會計知識，然後再進行投資，再來便能看見投資的本質。

精通會計技術，讓它成為個人哲學

山田：會計是類似珠算一般的技能，所以即使是小學生，只要經過
　　　說明，也能理解會計的原理。但是，**一旦精通了這種技術之**
　　　後，它就會能昇華成個人的哲學思想。

小山：棒球的打擊也是一種技術，但如果你能像職棒選手鈴木一朗
　　　那樣做到極致的話，就能在那個境界中昇華成一種哲學思
　　　想。這一點和追求極致的手作職人是一樣的。

山田：如果你能夠理解會計的技術，你就能夠掌握會計思維，甚至
　　　是會計哲學。這本書是我們的得意之作，希望能成為大家在
　　　這過程中的引導。這還是我第一次將各種秘訣落實到具體流
　　　程當中，讓書中講的知識都變得極具實踐性。

小山：所謂的秘訣本來就是強調實踐大於觀念。總的來說，它無一
　　　不是「現在就可以馬上實踐」的東西（笑）。但是其內容卻
　　　非常博大精深，精通技術之後，還能昇華成為個人思想。從
　　　實踐性的起點開始，到最後擴大成為一種會計哲學思維，這
　　　正是本書的本質精神所在。

山田：希望大家能夠快樂地實踐書中秘訣，同時用心去感受會計的
　　　博大精深。

第 一 章

家計簿
管理秘訣

1

不了解家庭開支，就學不好會計

想要了解會計，與其一開始就去學習企業的資金流向，不如好好了解一下自己的家庭財務收支狀況，反而才是捷徑。之所以這麼說，是因為家庭收支這種日常生活中的資金流動，也是遵循著會計規則的一種經濟活動。

反過來說，如果連自己的家庭收支都算不清的人，是不可能學好會計原理的。本書的結構是先以家庭收支為例，帶領大家一邊從會計角度去觀察資金流動，同時幫助大家加深對會計的理解。

將會計思維融入管理家庭收支還有一個好處，就是能夠幫助大家累積家庭資產。

正如一個好的財務長能帶領公司走向成功，家庭收支也是如

此，要讓具有會計思維的人來管理，這個家的資產才能被打理得蒸

蒸日上、越來越旺。

損益表（PL）

（平成 21 年 4 月 1 日～平成 22 年 3 月 31 日）

	（百萬日圓）	
營業收入	2,500	⎫
營業成本	2,000	
營業毛利	500	**營業損益**
營業費用	400	
營業淨利	100	⎭
營業外收入及利益	8	⎫
營業外費用及損失	18	**營業外損益**
經常利益	90	⎭
非常利益	7	⎫ **非常損益**
非常損失	5	⎭
稅前淨利	92	
所得稅、營業稅等	32	
稅後淨利	60	

※ 日本會計年度為當年 4 月 1 日起至隔年 3 月 31 日止。

說到家庭收支管理，大家首先想到的肯定是家計簿吧。在一天要結束的時刻，獨自一人坐在飯桌前，翻開家計簿，仔細地將數字一一填入帳本中——我想大家腦海裡浮現出的應該是這樣的畫面。如果發現錢所剩無幾了，可能還會一邊記錄一邊發出輕嘆：「唉，這個月又花多了……」這簡直是家庭連續劇中的典型場景。

從會計的角度來看，這種家計簿其實就相當於**損益表（PL）**。在損益表中，**營業收入**減去**營業成本**得出**營業毛利**，再減去營業費用就能得出**營業淨利**。營業淨利再加上投資帶來的收入，並減去貸款利息等支出，就得出了經常利益。如果經常利益一分不剩，甚至是負數的話，前面提到的那一聲嘆息就會越發沉重了。

對一般上班族而言，營業收入基本上就等於是薪水吧。由於賺取薪水的成本支出幾乎為零，因此薪水就可以直接等於營業毛利。從薪水裡減去生活所需的各種費用，得出的就是營業淨利。我們可以從每個月的損益表來觀察家庭收支的收益狀況，這就是家計簿的作用。

如果損益表的數字是赤字，那麼你的存款金額就會不斷縮水；反之，如果是黑字，那麼存款就會越來越多。

一般來說，薪資的金額變化不會太大，開源無望的情況下，家庭理財的重點便是如何節流了。為了控制支出，所以要記錄錢到底是怎麼花出去的、花在哪，這也是填寫家計簿的意義所在。

家庭收支損益表

營業收入	薪水
營業成本	幾乎為零
營業毛利	薪水
營業費用	房租、伙食費、交通費、治裝費、醫療費、交際費、興趣嗜好等
營業淨利	
營業外收入及利益	利息收入、投資收益等
營業外費用及損失	利息支出、投資損失等
經常利益	
非常利益	中彩券、繼承遺產
非常損失	房屋修繕、紅白包、財物遺失、被竊等
稅後淨利	

一般家計簿項目

項目
伙食費
衣服、鞋子
水電瓦斯費
家具、生活用品
房租、房貸
醫療、保健
交通、通訊
汽車相關
教育
興趣、娛樂
交際
保險、稅金

「好！那從今天就開始記帳吧！」這種建議實在有理至極。每次購物就記上一筆，房租、伙食費、置裝費等等，把各個項目的花費都記錄下來。然後到了月底，再把這些總數加在一起，計算出當月的總支出。這種做法確實能夠詳盡地掌握家庭收支的變化。

然而，這種方法只是看著都覺得吃力。很多人也是因為這種繁瑣的操作而放棄。即使知道記錄家計簿是件好事，可是就是很難堅持下去。

但稍微想想就能知道箇中原因。如果你每天只買兩三次東西，那麼記帳也不算特別麻煩。可是有時候你會去超市或便利店買東西，可能還投了自動販賣機，再加上交通費、網購等，一旦購物次數和購物場所變多，記帳就變得很不簡單了。就算是意志力堅強的人，也很難持續下去。而且，越是一絲不苟認真的人，越容易因為發現漏記了一兩筆而導致帳面和現金對不上，因而產生挫敗感而難以堅持下去。

我們之所以覺得「麻煩死了」，是因為付出的勞動和成效不成正比，也就是不符合成本效益。如果能夠讓好處多於所花費的勞力與時間，那麼即使有些麻煩，大家還是能夠堅持下去的。

想要提高家計簿的成本效益，有兩種方法：一個是大幅減少記帳的時間。如果能夠毫不費力地記錄，那麼記帳也不會太辛苦，也總能堅持下去。

資產負債表（BS）

資產	負債、淨資產
流動資產	**流動負債**
現金存款	應付帳款
應收票據	短期借款
應收帳款	應付稅款
備抵呆帳	
商品	**固定負債**
	長期借款
固定資產	
有形固定資產	
累積折舊	**淨資產**
無形固定資產	資本
投資及其他資產	保留盈餘

　　另一個方法則是更進一步提高家計簿的效果。例如，放棄以節約為主導的「節流」想法，轉向更加積極的、讓資產不斷增加的「開源」想法。這麼一來，每天看著錢越變越多，自然不會覺得痛苦，反而會越看越開心。

　　這種全新發想的家計簿既不麻煩，效果又好，它就是以**資產負債表（BS）**為基礎的家計簿。接下來馬上向大家介紹。

用餘額規則記錄的「聰明家計簿」

本書所提出的這種以資產負債表為基礎的家計簿設計巧妙，記帳時不僅不需要花費太多精力，還會讓你越記越有興致，越記越開心。完全就是**為了生活效率而量身訂做的家計簿。**

先來談談花費精力的問題。以往的家計簿，都要求我們毫無遺漏地記錄下每天的每筆開銷。而聰明家計簿，則只要記錄下當日的資產餘額就行了。如此簡單的記帳方法，相信任誰都可以堅持記錄下去。我們稱這種方法叫**「餘額規則」**。

為了讓大家可以更容易理解，讓我們以錢包為例來解說。以往記帳，只要買了東西，就需要把花了多少錢記錄下來，以此計算這一整天總共花了多少錢。一旦漏記了一筆，最後算出來的金額就會

對不上，真的要花不少工夫。

　　但其實有一種方法，就算沒有詳細記錄，也有方法能讓我們毫不費力地掌握當天到底花了多少錢。這個算式超級簡單，就連小學生也知道，完全不是多高深的演算法：

（早上錢包中的金額）－（晚上睡覺前，錢包中的金額）

　　早上出門前，看看錢包裡有多少錢，用這個金額減去晚上睡覺前錢包裡的錢，得出的結果就是你今天花了多少錢。是連小學生也會的數學計算，聰明家計簿就是利用這個簡單的規則。

　　換句話說，也就是捨棄以往家計簿那種每筆帳都要記錄清楚的方法，**改用餘額規則，就能算出這段時間當中你到底花了多少錢。**

　　當然，實際上的聰明家計簿記錄，不是只有記錄錢包裡的錢，像是銀行存款、股票之類的資產都要一併記錄。不過，我們需要記住的重點，就是這些資產全都靠餘額規則來掌握。就算是股票，也不必一一計算買進了多少，又賣出了多少，總之只要掌握當下的餘

額（市價）即可。

　　這種方法看起來或許有些草率，不夠專業，但其實企業的會計系統中也會使用這種餘額規則，其中一例就是商品的庫存管理。

　　手中的庫存商品，有的可能損耗了，有的可能在店頭被人順手牽羊拿走了，總之減少的庫存並不都是被賣掉了，所以每天的庫存量都可能有些誤差。如果要每天盤點檢查庫存，要耗費太多的勞力。為此，一般企業的做法是到了期末時進行盤點，一次檢查所有的庫存。**企業的商品庫存也是以餘額規則來管理。**

　　雖然說準確地掌握數字也很重要，但為了達到準確，就必須花費很多精力。在會計的實際作業上，會權衡數字的準確性和為此所花費的精神成本，並加以考慮運用。將這樣的權衡運用到家庭收支，就是只需管理現金餘額的餘額規則。

運用無視零錢的「紙鈔規則」

聰明家計簿先用餘額規則把家庭理財化繁為簡，再運用第二個規則化零為整，讓家庭收支更為簡單輕鬆。這就是無視零錢的**「紙鈔規則」**。

一直以來的家計簿，如果有了數十日圓或數百日圓的小誤差，一旦積少成多，最終加總起來就會成為龐大的差額。所以舊有的記帳方法，非常講求填入數字的正確性，而這也是最辛苦的地方。

不過，我們的聰明家計簿卻不一樣，根據餘額規則，只要管餘額是多少就行了。這樣即使有幾百日圓的誤差，差額也不會往下累積，只會如實呈現這幾百日元的誤差。如果是不會持續累積的誤差，那麼無視一下也無妨。

比如說我們確認每個月支出的金額時，花掉了30萬日圓或是30萬500日圓，這小小的500日圓的差別，不會產生太大的問題。如果是年度的收支管理，那麼這是可以完全無視的小小誤差。但是如果每天都產生500日圓的誤差，那麼累積到一個月下來，就會變成1萬5,000日圓的誤差了，這就是很大一筆金額了。所以說以往的家計簿記帳方法，實在是太磨人。

但現在，**我們運用餘額規則來使用家計簿，就可以使用紙鈔規則，不必細數零錢了。**

越是認真的人越難堅持記帳，因為一旦發現零錢的計算無法對上，他們就會感到焦慮，無法忍受。而聰明家計簿從一開始就無視這些瑣碎因素，所以相信任誰都能夠堅持下去。

順道一提，在企業會計中，這些小金額基本上也不會被視為重大問題。舉個例子，在計算所得稅時，最終的使用單位是「千日圓」。小於1,000日圓的零頭尾數對於稅理士[1]來說，即使無視也沒有關係。

如果是會計師的話，這個計算單位則往上到「百萬日圓」，上

---

1 稅理士在日本就是「稅務代理人」的角色。在台灣並無此職務，稅務相關工作也是由會計師負責。

立場不同，伴隨的單位也不同

立場	目的	單元
公司會計	會計業務	日圓
稅理士	稅務	千日圓
會計師	審計	百萬日圓
經營者	根據目的不同	從精準到1日圓，到只看大概數字的都有

市公司的年報大都是以百萬日圓為單位，一般小於這個單位的數字都無須標示出來。

這種金額單位的不同，其實就是視角的不同。管理存款的銀行需要把單位精準確認到1日圓；但到了稅務層面，就變成只看「千日圓」以上的數字即可；而到了會計師的視角，則只管百萬日圓就行。

家庭收支也是一樣。如果這些數字對家庭收支管理來說是用在「經營判斷」的，那麼零頭就大可無視。**捨棄這些尾數，不僅不會帶來任何問題，反而還會讓你不再困在細枝末節，協助你以經營者的高度來做判斷。**

不用每天記錄，只需以隨意規則 截取家計簿「快照」

　　聰明家計簿還能進一步幫我們減輕負擔，那就是不用每天都記帳。對，你沒聽錯，不用每天都記帳。

　　以往的家計簿將每天記帳視為理所當然，但是聰明家計簿卻反其道而行。大家聽了不要覺得驚訝，聰明家計簿只要在你心情好想記的時候再記就可，就這麼簡單，這就是**「隨意規則」**。

　　有人也許一週記錄一次，有人可能一個月記錄一次，更有甚者，可能是三個月、半年才記上一次。這麼隨意的方式，不管多怕麻煩的人，想必也能做到吧。

　　之所以能這樣，其實是資產負債表和損益表這兩種計算性質的不同所造成的。

損益表是計算某段時間內的**金錢流向**，為此，這段期間內的所有資金進出都需要記錄在案，一旦漏掉了一筆，就無法計算出正確的損益表。

舉例來說，損益表就像是拍攝某段時間的「影片」。想拍影片，就必須一直開著攝影機。以往以損益表為基礎的家庭記帳法之所以那麼麻煩，就是因為必須持續一直記錄，而這也是損益表擁有的特性所導致。

資產負債表卻不同，它記錄了某個時間點上的「**資金狀況**」，可以說它相當於「快照（Snapshot）」。由於不是動態影片，而只是某個時間點的快照截圖，所以只需按下快門記錄下那個瞬間的狀態即可。

因此，以資產負債表為基礎的家計簿，也只需要記錄某個時間點上的資金餘額即可。我們只要像攝影師一樣，有感覺時再按下快門即可，然後就能以資產負債表為基礎，製作出正確反映當時家庭收支狀況的家計簿。

在企業會計中，也需要掌握這兩種報表的不同。當經濟不景氣

「隨意規則」讓任何人都能堅持下去

> 由於是「隨意規則」，想到的時候就記一記，即使如此也能準確掌握財務變化。

（千日圓）

資產		4 月 30 日	5 月 15 日	6 月 20 日	7 月 30 日	9 月 1 日
現金	錢包	51	35	43	59	63
	抽屜	100	100	100	100	100
銀行存款	A 銀行	1,021	1,057	1,002	1,121	1,152
	B 銀行	212	235	209	215	220
	C 銀行	498	475	521	505	510
		1,882	1,902	1,875	1,999	2,045

的時候，新聞經常報導某某大企業出現經營出現虧損，但那只不過是損益表上顯示的結果罷了。當然，損益表出現赤字是件很嚴重的事情，但我們還是需要搭配該企業的資產負債表來判斷。

這可以拿我們生活中的例子來說明，比如某段時間體重掉了一點，看起來人也消瘦了些，但從資產負債表的「快照」來看，卻發現身體其實是轉變成精實且充滿肌肉的狀況。反過來說，如果是因為肌肉量減少所以體重跟著減少的話，那就是該要注意的警訊了。（關於企業分析的話題，將會在之後的章節詳細講解）

總之，聰明家計簿是以資產負債表為基礎而設計的，所以用「隨意規則」來記錄是完全沒問題的。

餘額管理帶來的「小豬撲滿效果」

請大家回想一下小時候用撲滿存錢的場景。一旦把錢投進了撲滿之後，一切原先省吃儉用時的痛苦和糾結，都會被一種興奮的情緒給取代──「我的錢越來越多了」。

錢越變越多，就本質來講是件讓人欣喜的事。撲滿越來越重，拿在手裡的那種實在感覺，會讓你切實地感到「錢真的越來越多了」，然後就會越發積極地持續存錢。撲滿就是擁有這般奇妙偉大的能力。

採用餘額規則記帳的聰明家計簿，也具有同樣的效果。每當檢查家計簿時，發現現在的餘額比起上一次有增無減，會更加促使「我還要讓餘額變得更多」的積極動機。檢視餘額所產生的提高存錢

動機的效果，我們稱之為**「小豬撲滿效果」**。

以往的家庭記帳法都是算你花掉了多少錢，也就是計算你失去了多少錢。按計分法來說，那種方法就是減分法。看著自己手中的錢越來越少，任誰都很難會有持續存錢的動機。

不僅如此，以往的記帳法還有個缺點，那就是**「支出馬上就會消失不見」**。除非你妥善保管好所有收據或發票，否則你就沒法弄清楚自己到底花了多少錢。花出去的錢如果不好好記錄下來，到最後這筆支出的內容就會消失不見。

而另一方面，小豬撲滿卻能讓你實際看到已經存了多少錢，拿起來就可以感受到撲滿的重量。我們手上持有的現金、股票、房子，這些資產也是能夠看得見的實體資產。

如果將眼睛看得見跟看不見作為區分的標準，那麼會計上的數字，幾乎都是如果沒有記錄下來就會看不見的東西。

實際看得到的	資產
實際看不見的	負債、資本、費用、銷售額

與支出經費相關的利益也很難看得到，營業收入也是如此*2。所以才會有發票或收據這種機制的存在，為的就是留下紀錄。但這些都是一不小心就會弄丟的紀錄。以往的家庭記帳法就是一直用這種

眼睛看不見的東西在管理家庭收支，所以才這麼辛苦。

　　而現在我們改用眼睛看得見的資產來管理家庭收支，就能適用餘額規則，也會提高你的存款動機：「我的資產已經有這麼多了！很好！看我來讓它越變越多！」如此一來就能引起更強烈積極的行動力。

---

2 關於利益容易被操作的話題，將會在〈應收帳款不斷變化的企業有問題〉（第 230 頁）中介紹。

習慣千元單位，鍛鍊會計頭腦

聰明家計簿是以千日圓為單位來記帳。當然你也可以萬日圓為單位，不過一般會計上都是用千日圓來做單位（台灣的使用習慣相同），所以我們還是沿用這個標準。

這種以千日圓為單位的標記方法，跟千分位逗號的位置是相關的。以數字表示數量時，一般是每隔三位數放一個逗號，這個規則

A 英語 （，和單位一致）		**B** 日語 （，和單位不同）	
1,000	Thousand	1,000	千
1,000,000	Million	1,000,000	100 萬
1,000,000,000	Billion	1,000,000,000	10 億

C		
（4 位數 1 個逗號的話，則，和單位一致）		
1 萬	1,0000	
1 億	1,0000,0000	
1 兆	1,0000,0000,0000	

3 個 0	為千
6 個 0	為 100 萬
9 個 0	為 10 億
12 個 0	為 1 兆

是從英語的計算方法來的。在英語中，如圖A所示，是以每三位數為一單位變化。

　　但日語中，卻是以每四位數為單位變化，所以逗號的位置和單位的名稱有些不同。原本給數字標逗號是為了更容易數清有幾位數，但看在日本人眼裡反而有些難以直覺地理解（見圖B）。

　　如果可以改變世界的數學通用規則，改以每四位數為單位加上逗號，對日本人而言，可能會更好理解吧（見圖C）。

　　但可惜會計的標準就是三位數一個逗號，所以我們必須習慣這種每三位數改變一個單位的數字標示法。否則在關鍵時刻，我們很難馬上反應過來數字到底是多少。

當能夠習慣三位數的標示法後，慢慢地你就會覺得100萬和10億是很特別的數字。並且變得能夠以100萬日圓為單位，掌握某個專案的營業額和費用，以10億日圓為單位，掌握公司整體的資金流動情況了。

這麼一來，以後遇到極大數目的乘法也能很快地輕鬆算出結果。比如以下這個算式：

200,000 X 40,000

如果是以日本式的數字單位邏輯，也就是20萬乘以4萬來計算，我們沒法很快地心算出答案。但是如果只數總共有幾個零，很快就能得出答案。

8 X 1,000,000,000 ＝ 80億

只要能數出有9個零，馬上就能算出這是10億。

遇到兩個大數字相乘時，首先數出有幾個零，就能得出有幾位數，知道是哪個單位等級的數字了。這麼一來，只要看一眼，我們心裡就能對數字有個大概的掌握，也會減少算錯位數之類的錯誤。

讓你輕鬆存錢的聰明家計簿

那麼在實際執行時，該如何使用聰明家計簿呢？接下來將逐步為大家介紹。

首先，將現金、存款、有價證券等流動資產記錄下來，以當天當時的價格記錄。

接著記錄房屋這項固定資產，但記錄的價格並不是購買當時的價格，而是記錄如果現在賣掉可以賣出的價格，這個數字不用太精準，大概就可以。

將流動資產和固定資產相加，得出來的就是你此時此刻的資產總和。

接下來記入負債，這裡需要記錄的是房貸、助學貸款、車貸等

長期貸款的金額。我發現許多人甚至搞不清楚自己還剩多少貸款沒有還，所以用這種方式確認自己還欠多少債務，這件事本身也很有意義且重要。

最後是計算出淨資產，也就是資產總額減去負債總額。大膽地以「千日圓」為單位記錄。然後，你家的資產負債表就完成了。

第一步：記錄資產

現金、存款以及其他資產，以記錄當日的價格為基準記錄。

第二步：記錄負債

寫入各種貸款的餘額。

第三步：計算淨資產

資產總額減去負債總額，剩下的就是淨資產。

這張資產負債表所顯示的就是你目前的家庭收支狀況。如果你一直在傳統記帳方式的折磨中掙扎度日，想必看到這裡你一定會大吃一驚，覺得不可能這麼簡單吧。不過，就是這麼簡單。

不僅簡單，這個家計簿還有以下三個效果。

＊掌握流動資產的三個規則及其效果

現金餘額規則 → 小豬撲滿效果

這就是聰明家庭理財簿！　　　　　　　　（千日圓）

資產		4月30日	5月15日	6月20日	7月30日
現金	錢包	51	35	43	59
	抽屜	100	100	100	100
銀行存款	A 銀行	1,021	1,057	1,002	1,121
	B 銀行	212	235	209	215
	C 銀行	498	475	521	505
股票	總額	523	490	495	512
投資信託	總額	1,500	1,491	1,495	1,498
債券	總額	—	—	—	—
其他		—	—	—	—
不動產	物件 A	30,000	30,000	30,000	30,000
	物件 B	—	—	—	—
其他		—	—	—	—
	資產總計	33,905 ❶			

負債					
房貸		35,012	35,012	34,949	34,823
車貸		—	—	—	—
卡貸		—	—	—	—
其他		—	—	—	—
	負債總計	35,012 ❷			

淨資產					
	淨資產	-1,107 ❶ - ❷			

※（注）一般的方式是將「負債」跟「淨資產」橫向並列，不過也有如上圖這種縱向排列的形式。

紙鈔規則 → 經營者視角效果

隨意規則 → 家庭收支快照效果

傳統家計簿是以損益表為基礎，要求我們仔細地記錄每一筆開銷，其目的是「積少成多」的節流。但是這種採取減分方式的記帳法，讓人越是記帳越是悔恨「這個月又亂花了這麼多錢」。

而聰明家計簿卻完全相反，是以感受資產增加的樂趣為目標。這樣帶來的結果就是存款越來越多。我們不要折磨自己，不要痛苦地節儉，我們要快樂地存錢，欣喜地看著自己存款越來越多。

這種給我們帶來快樂的記帳法，憑藉著紙鈔規則和隨意規則，輕鬆就能實踐，絕對是傳統記帳法無法比擬的。

高效且讓人樂在其中，這就是聰明家計簿。

損益表與資產負債表

本章向大家介紹家計簿如何從損益表（PL）導向轉為資產負債表（BS）導向。這個以資產負債表為基礎的聰明家計簿，相信它給你的印象一定與以往的家計簿大不相同。用千日圓為單位製作的資產負債表，也能帶給你一種可以更俯瞰家庭收支全局的感覺。

的確，家計簿最好有助於計算損益，這很重要。也正因如此，以損益表為基礎的家庭記帳法成了當今主流。它能讓你清楚地知道自己亂花了多少錢，也能讓你清楚該控制多少費用。

然而，另一方面，正如前面在流動資產部分看到的，對家庭收支產生巨大影響的是負債金額。企業也是如此，如果一家企業的計息負債太多，那麼僅靠分析損益表也無法解決問題。

此外，在企業起死回生的「V型復甦」過程中，僅看損益表也無法掌握洞悉其狀況。一家嚴重經營赤字的企業，是如何在第二年就起死回生的？當然，這肯定離不開企業的努力，不過，這種生死大逆轉的奧秘就隱藏在資產負債表當中。

大多數V型復甦的企業，實際上是透過關閉工廠等出售資產的方法來減少負債，從而實現起死回生。關閉工廠時，由於沒有來得及折舊的費用都要計入當年的費用當中，所以最後損益表出來的必定是赤字。然後由於計息負債大幅減少，隔年自然就恢復了盈利（黑字）。只要關注資產負債表，我們就能夠察覺企業的這些變化。

目前，在會計世界有一個大趨勢，那就是**從重視損益表轉為重視資產負債表。**這是因為全球的投資人關注的不是企業一年內的損益得失，而是「現在賣掉能獲得多少收益」，我們也把這種趨勢融入了家庭理財當中，於是便有了以資產負債表為基礎的聰明家計簿。有了它，我們不僅能夠了解會計的流程和趨勢，還能準確地掌握家庭收支狀況。

尤其是如何平衡分配資產與負債，這不僅對企業經營而言很重要，在考慮家庭收支時也是一個關鍵問題。關於這個問題，在下一章〈家庭資產管理秘訣〉中再來仔細探討。

第 二 章

家庭資產
管理秘訣

2

避免不知不覺中陷入無力清償的陷阱

在上一章介紹以資產負債表為基礎的聰明家計簿時，或許夠敏銳的讀者已經發現了一個問題，那就是作為舉例的家計簿（參照第47頁）中，淨資產的部分是負數。

這表示，即使你將所有資產變現，也無法清償所有的債務，換句話說，也就是陷入了無力清償的狀態。在這個例子中，該家庭的收支狀況，已經陷入超過110萬日圓的負債。

看到這裡，也許有人會心生不悅地說：「為什麼要用這麼不健全的例子！」但是實際上，**很多家庭在不知不覺中，都已經陷入這種無力清償的家庭收支狀態。**

為什麼會陷入這種狀態呢？答案就是所購買房屋的折舊損失。

即使是花了4,000萬日圓買的新房子，只要人一入住就立刻跌價變成中古屋了。這麼一來，房屋的價值也瞬間下滑。

另一方面，負債卻不會因為價值的變化而減少。雖說負債多寡也取決於購屋時付了多少頭期款，但可以想像，許多家庭在剛買入新房的階段，都已立刻陷入這種無力清償的經濟狀態。

接下來，雖然在慢慢地償還房貸的同時，房貸金額也會越來越少。不過，同時間房屋的價值也會隨之越來越低，這麼一來，就很難從無力清償的泥沼中脫身。

順道一提，這種基於市場價格的資產價值計算的方法，我們稱為**公允價值原則**。在企業會計中，尤其是日本泡沫經濟崩潰後，出現越來越多帳下擁有大量浮虧資產的企業，而為了修正這種狀態，便有了這種公允價值原則機制。當不動產的帳面價值低於原來價值的一半以下時，就需要強制以公允價值原則處理。這種處理方法在市場價值會計中稱為**資產減損**。

這類貶值的資產價值被視為損失處理，所以不僅會對資產負債表產生影響，也會對該年度的損益表造成負面衝擊。只不過這種處

理事實上只是會計的數字作業，因此不會產生現金的增減，現實中的資產也沒有減少。

不過，這種資產減損處理確實會讓企業信譽大打折扣。一般人們的印象是無力清償＝破產，所以在購入高單價的固定資產時，一定要慎之又慎，三思而行。

對於家庭收支也是一樣，如果任由無力清償的情況惡化下去，那麼財務平衡將出現危機。在面對買房這種人生中最大等級的購物行為時，特別需要慎重地從會計觀點多方權衡。

順道一提，以往的會計處理方法與公允價值原則截然相反，在買入資產後是按照實際花費的金額記入帳本，這稱為**帳面價值**。以往的會計理念注重損益表，關心的只是出售時能帶來多少利益，因此如實記載購買時的價格，是比較方便的處理方式。

但是在上一章我們已經知道了，現在的會計趨勢是從重視損益表轉移到了重視資產負債表。因此，從重視資產負債表的角度而言，如果把與實際價值相差十萬八千里的金額，當作資產的價值寫入資產負債表，那麼經營者就無法做出準確的經營判斷。

無論企業會計還是家庭收支，引入公允價值原則，都能幫我們做出正確的判斷。尤其是家庭收支，很多家庭莫名其妙地陷入無力清償的狀態，顯示公允價值原則的思維方式是必要的。所以，請好好重新審視自己家庭的各項資產狀況吧。

掌握貸款餘額，增強節約意識

聰明家計簿的設計不僅記錄資產，也記錄貸款餘額。這種記帳方式的目的是提高我們的債務意識、把握債務狀態。即使你對自己手中現金瞭若指掌，但如果不清楚自己的貸款償還了多少，還剩下多少，那麼就也無法說你對自家家庭收支狀況有足夠的了解。

每月支出了多少，這些數字雖然可以暫且無視，但手中還剩多少餘額卻一定要掌握清楚。相對上一章提到的現金餘額規則，這裡我們稱之為**貸款餘額規則**。

這個貸款餘額規則帶來的節流效果，絕對超過現金餘額規則。「我居然還有這麼多貸款要還！」這種感慨會督促你「要趕緊把錢還清」。越是膽小的人，這個規則越有效果，最終會產生**財務緊縮**

資產負債一目瞭然　　　　　　　　　　（千日圓）

資產		4 月 30 日	5 月 15 日	6 月 20 日	7 月 30 日
現金	錢包	51	35	43	59
	抽屜	100	100	100	100
銀行存款	A 銀行	1,021	1,057	1,002	1,121
	B 銀行	212	235	209	215
	C 銀行	498	475	521	505
股票	總額	523	490	495	512
投資信託	總額	1,500	1,491	1,495	1,498
債券	總額	—	—	—	—
其他		—	—	—	—
不動產	物件 A	30,000	30,000	30,000	30,000
	物件 B	—	—	—	—
其他		—	—	—	—
❶資產總計		33,905	33,883	33,865	34,009

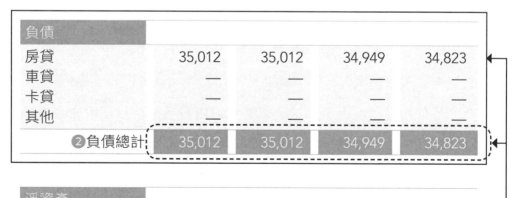

負債					
房貸		35,012	35,012	34,949	34,823
車貸		—	—	—	—
卡貸		—	—	—	—
其他		—	—	—	—
❷負債總計		35,012	35,012	34,949	34,823

淨資產					
❶ - ❷淨資產		-1,107	-1,129	-1,084	-814

經常注意貸款餘額，所以也要記錄貸款的餘額。

效果。

不過，可能有人會覺得一天到晚盯著貸款金額看，會不會讓人越看越感覺沉重？其實效果完全相反，當看到自己欠的錢一點點變少，反而會讓人激發幹勁，更認真還錢。

舉例來說，當你看到每月需要支出多少錢去還貸款，必然會越看意志越消沉；但如果你看到的是不斷減少的貸款餘額，你就會產生「原來這個月貸款又減少了這麼多！」的正向情緒。如果你再努力點節衣縮食，把省下來的錢用來提前償還貸款時，還會獲得很高的成就感。

眾所周知，棒球選手鈴木一郎，把自己的目標設定為球季的安打數，而不是打擊率。安打數與打擊率不同，它只升不降，一個球季下來數量只會越來越多。因此他總能帶著積極向上的心態站在打擊區。

貸款餘額規則頗有異曲同工之妙，只要你不再新增貸款，貸款的餘額就會越還越減少。把這個數字變化作為目標，就能切實感受到自己離目標一步步往前的成就感。

固定資產需折舊

前面提到，讓家庭收支陷入無力清償的原因是資產價值的縮水。許多有形資產隨著持續使用出現磨損消耗，或變得過時落後，其價值都會不斷降低。

例如汽車，新車在購入的瞬間就變成二手車，其價值也直線下降。隨著使用年數和行車里程數的增加，其價值便越來越低。

自家的房屋或公寓也是如此，你買下當時的價格，會隨著房屋的建成屋齡而逐年縮水。

這類資產被稱為固定資產，指的是長期使用的高價資產。在企業中，工廠等製造設施、公司的辦公大樓等不動產，也都屬於這個範疇。

固定資產與流動資產的差別

流動資產	速動資產	現金、存款、應收帳款、未收帳款等能夠在短時間內變現的資產
	存貨	未使用的製造材料，製造中的產品、未銷售的商品等資產
固定資產	有形固定資產	建築物、機器設備、車輛、辦公用品、土地等
	無形固定資產	經營權、專利權、著作權等

　　會計的理念是儘量用數字如實呈現現實狀況。資產價值不斷縮水的現實狀況，也需要如實反映到會計數字當中。要如何呈現這個價值的減少，不是隨意算出來的，而是根據某種有規律的計算方法，這就是**折舊**。

　　例如，公司花了120萬日圓買下一台公司車，其價值每年減少20萬日圓，過了日本法律規定的6年使用年限後，其價值就變為零。好不容易買到手的資產，價值卻在逐年減少*3，實在讓人心疼，但遺憾的是，這就是現實。

　　像這樣掌握固定資產價值減少程度的方法，便是折舊的思維方

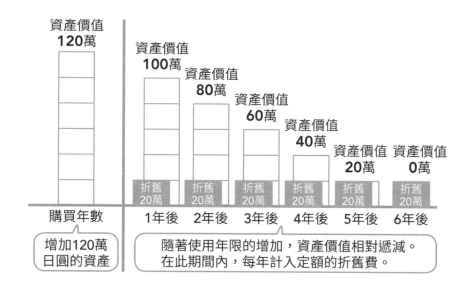

固定資產與流動資產的差別

資產價值
120萬

資產價值
100萬

資產價值
80萬

資產價值
60萬

資產價值
40萬

資產價值
20萬

資產價值
0萬

折舊 20萬 | 折舊 20萬 | 折舊 20萬 | 折舊 20萬 | 折舊 20萬 | 折舊 20萬

購買年數　1年後　2年後　3年後　4年後　5年後　6年後

增加120萬
日圓的資產

隨著使用年限的增加,資產價值相對遞減。
在此期間內,每年計入定額的折舊費。

式*4。根據資產價值的減少情況,計算折舊費用。

　　在會計上,基本上是以**所有有形資產都會耗損歸零**為前提。為此,所有的設備、辦公室用品等都需要提列折舊,但是這麼一來,連一支原子筆也需要折舊處理,實在過於繁瑣。所以在日本,一般是價值10萬日圓以上,且使用年限大於1年的固定資產,才需列入折舊項目*5。

　　順道一提,在會計的計算下,只有兩種東西不會跌價,那就是**地球和藝術。**

　　地球說不定在未來的哪一天也會消失於宇宙之中,但那可能是

幾十億、幾百億年以後的事情了。推測幾百億年以後發生的情況似乎有些不太合理，所以一般認為地球的價值是不會變少的。地球，換句話說就是土地，所以土地是不需要折舊的。

藝術也同樣不需要折舊。會計上認為藝術是不會跌價的。雖說人們對某位藝術家的評價下降會導致他的作品價值降低，但他的作品卻不會單純地因為時間的流逝而跌價。

我們經常聽到有些人成了有錢人後，就開始大肆購買不動產及藝術作品，其理由之一就是這兩種東西不會隨著時間的流逝而失去價值。不管是家財萬貫還是一文不名，或許對於永恆的追求是人類共通的心情吧。

3 估算折舊，有直線法與定率遞減法兩種方法。直線法是每年減去相同的金額，定率遞減法則是每年減去相當比率的價值。定率遞減法由於會在一購入資產時，攤提較多的折舊金額，之後攤提費用逐年減少。這裡為了方便大家理解，以直線法法來說明。
4 折舊還有平均費用的效果。當購入高額資產時，如果把費用全部計入當年報表中，將會出現嚴重的虧損。為了避免這種情況，所以以一定的時間，將費用分散到每年的費用項目下。
5 台灣的規定則是價值新台幣 8 萬以上，或使用年限超過 2 年的東西。

殘值歸零規則

讓我們試著將這種折舊的處理方法也用到家庭收支吧。

家庭收支中,最大的一項固定資產自然是房屋了。房屋的資產價值也會隨著時間的流逝而不斷降低。

而最終房屋的價值會降到什麼地步?大概會變成下面這樣:

獨棟住宅＝土地價格＋房屋價格0日圓

而且有時候,還會是這樣的:

獨棟住宅＝土地價格－房屋拆除費用

也就是說，拆除房屋使之變成可供建築用的空地，也會產生費用。所以賣房的時候，還需要從房屋出售價格中扣除這部分費用，實際上還是貶值了。如果是鋼筋水泥建的堅固房屋，如果不大幅降低土地價值，根本就很難找到買家。

這麼一看，相信你就能了解土地有多麼值錢。土地不會磨損也不會損耗，會完好留下它購買時的價值。

如果你的房屋不是獨棟而是公寓、大樓，那麼影響價格計算的要素就更為複雜。在此姑且取一個大概的數目，設定中古屋的價格會降低至購買時的一半。你花了3,000萬日圓買的公寓，等到辛苦繳完房貸之後，只剩下1,500萬日圓的價值了。

不動產還算相對保值的資產。因為土地的價值不會減少，所以不會歸零。但不動產以外的固定資產，按照會計的規則，殘餘價值（該資產最終的剩餘價值）原則上肯定是零。因此，不論是**我們買的汽車、電腦等資產，只要超過使用年限，其資產價值就會以零來計算了。**

依照這樣的會計規則，聰明家計簿也適用這種**殘值歸零規則——**

最終不會留下任何價值的資產，統統以「0」來計算。這樣一來，我們花了200萬日圓買來的汽車，在購買的那一瞬間就變成了「0日圓」了。雖然跟總覺得自己手上有200萬日圓資產的想法相比，這樣的認定在感情上確實讓人較難接受，但在會計上卻是相對健全的。

這麼一來，當我們買下大件物品的時候，聰明家計簿上的資產就會大幅減少。如果買了10萬日圓的冰箱，則資產就瞬間消失10萬日圓；如果是30萬日圓的電視，則是瞬間消失30萬日圓。大家平時很少會意識到的折舊概念，藉由這條規則就可以好好提醒我們這個事實。

有了這條規則，我們就能夠及時制止不理性的消費，減少不必要的固定資產購買。在購物時仔細斟酌是否真的非買不可，所以殘值歸零規則也會帶來**理性購物效果**。

考慮折舊再決定買房

　　個人購買住房這件事，放到公司層面，便是建造公司大樓，或是建設工廠，是攸關公司命運的一件大事。必須貸款才能擁有的資產，在今後的幾十年內是否能夠發揮與其金額相當的作用？是必須幾經斟酌、妥善評估，才能做出是否購買的決定。

　　可惜當情況換成家庭收支時，很多人在決定買房前，根本沒有以會計的角度斟酌評估。

　　比如有人會說，與其每個月付出高額的房租，不如貸款買房，最終能留下屬於自己的資產。誠然，如果是租屋的話，每個月都要交房租，自己最終也不會留下任何資產。而相比之下，為自己買房付房貸，最終錢就會變成房子，作為資產留在自己手中。

	每月支出	資產
買房	17萬日圓	最終擁有房屋
租屋	18萬日圓	最終什麼都沒有

資產部分，乍看有很大的差距。

尤其是結婚生子後，如果換到較大的房子住，那房租自然也會漲價造成更大的負擔。與其繼續付高額的房租，還不如買房——會出現這種想法也是無可厚非。

但是，真是這樣嗎？

讓我們來算算看。假設買了一間4,500萬日圓的公寓，短期款為500萬日圓，剩下的4,000萬日圓以房貸支付。如果房貸利率是3%，還款年限為30年，則最終我們需要還出大約6,072萬日圓。每月還款金額大概是17萬日圓。

如果想要租與4,500萬日圓的公寓相同等級的房子，每個月的租金大約要花18萬日圓（我有比較過東京近郊租金行情）。

相比之下，買房每個月的花費不僅比較少，而且還清房貸後，自己手上還有了一筆不動產。這麼一算，絕對是買房子更合理。

然而，這個問題並沒有這麼單純。

首先，當購買公寓時，會產生一些附帶費用。例如購屋時所產生的各種雜費，還有房屋稅、管理費、修繕公費等。假設房屋稅每年15萬日圓，管理費和修繕公費每月2萬日圓，最終支付的金額如右

A

自備款	500 萬日圓
償還房貸費用	6,072 萬日圓
各種雜費	400 萬日圓
管理費、修繕公費	
	2 萬日圓 X 12 個月 X 30 年 ＝ 720 萬日圓
房屋稅	15 萬日圓 X 30 年 ＝ 450 萬日圓
總計	8,142 萬日圓

B

資產 2,000 萬日圓－費用 8,142 萬日圓＝ **-6,142 萬日圓**

頁圖A所示。

要支付完房貸跟這些附帶費用，房子才實實在在變成自己的不動產。高興之餘，你或許忘記了固定資產還有個陷阱，也就是前文中提到的折舊。你手中的房屋從購買到還完貸款已經過去了30年，如今它怎麼可能還保有當年的4,500萬日圓價值？

這裡隱藏著一個巨大的陷阱。還完房貸後，留在你手中的資產不可能價值4,500萬日圓。我們暫且假設殘值是2,000萬日圓好了。

這麼一來，這次購物的最終損益情況就如上圖B所示。可以看出，即便減去這個資產殘留的2,000萬日圓，最終你支付了6,142萬

日圓的費用*6。

而另一方面，若是租屋的話又會怎樣呢？公平起見，租屋時附帶產生的各種費用，我們也來計算一下。

首先，租屋時需要額外支付押金、禮金和仲介費*7。最近雖然很多地方都不再收取這類費用，但這裡還是假設禮金是2個月的房租，押金是2個月的房租，仲介費是1個月的房租，首次租屋一共需要繳交5個月份的房租。然後每兩年續約一次，續約時需要額外支付相當於1個月房租的錢。

如此一來，租屋30年需要支出的金額是：

（30年X12個月）＋（續約費30年÷2）＋首次租屋時需支付的5個月房租＝380個月份的房租

每個月18萬日圓的房租，一共380個月，總額為6,840萬日圓。與買房產生的費用相比較，兩者之差了698萬日圓。

為了方便大家理解，我們再把這筆錢換算成每月的花費來

6　為了方便計算，這裡省略了將未來價格折現為現值的步驟。
7　在日本租屋時，除了仲介費外，還需給房東禮金，這是不會歸還的。至於押金，可能在退租時要用於清理打掃房屋或做部分修繕使用，很多情況下也是拿不回來的。

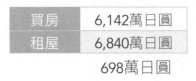

費用總額	
買房	6,142萬日圓
租屋	6,840萬日圓

698萬日圓

每月費用	
買房	17萬日圓
租屋	19萬日圓

看。30年就是360個月,算下來,買房每個月的花費是17萬日圓,而租房每月是19萬日圓。

這組數字與前面那組比較起來,不覺得感覺完全不一樣嗎。這麼看來確實買房每個月能省下2萬日圓。但藉由這樣的分析,我們也可以看出資產留下的殘值,也沒有想像中那樣保值。

長期來看，還是租屋更合理

　　還有一個不能忘記的重點，那就是租屋比較自由，隨時都可以解約。而相對的，貸款買房後，就會有長達數十年持續償還房貸的義務。只要你沒有把房子賣掉，那麼接下來的幾十年，你就需要認真工作，努力還款。

　　如果是在以往採取「終身雇用制」的企業環境，那麼的確就算是長期貸款，也能確保持續還貸不會出問題。然而現在已經是公司要求員工提前退休，或是退休前公司就倒閉的時代了。在這種環境下，長達數十年的長期貸款就有相當大的風險。

　　此外也要考量，隨著家庭成員的變化，我們對住房的需求也會變化。你有幾個小孩？孩子們長大了以後，現在的住房空間是否足

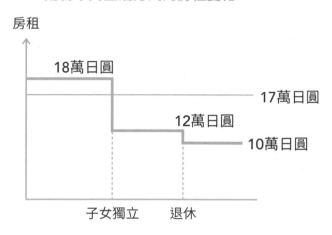

配合不同生活方式的房租變化

房租

18萬日圓

17萬日圓

12萬日圓

10萬日圓

子女獨立　　退休

夠？孩子們長大成人、獨立生活之後，我們又需要什麼樣的居住空間呢？

　　家庭的生活方式不斷變化，購買自住房屋顯然無法應對這種變化了，不過如果租屋，就能讓你自由靈活地因應各種變化去調整。

　　我們再看回前一個理財秘訣提到的租屋例子，假使住在每月租金18萬日圓的房子裡15年後，搬到一個月租金12萬日圓的房子裡住10年，最後再搬到一個月租金10萬日圓的地方住5年。先不去計算搬家所產生的費用，這樣算下來，還是租屋比較便宜。而且省下的這456萬日圓，可是不容小覷的一筆開銷。

　　結果，在這裡就出現了前文所提到的固定資產問題，也就是面

買房 VS. 租屋的費用比較

				費用	
買房	三房一廳			61,420,000	❶

		單價	月數	費用	
租屋	三房一廳	180,000 各種費用	180 12	32,400,000 2,160,000	
	兩房一廳	120,000 各種費用	120 10	14,400,000 1,200,000	
	一房一廳	100,000 各種費用	60 7	6,000,000 700,000	
				56,860,000	❷
			差額（❶－❷）	4,560,000	

租屋比較划算

對經濟狀況與家庭狀況的變化，不動產對此的應變調整性比較差。

　　從當今的會計趨勢來看，買房並不是一個明智的決定。雖然租屋的租金會略高於買房的房貸，但你隨時都能解約，隨時都能換到更適合的空間，所以租屋明顯利大於弊，風險也更小，以結果來看，花費也比較便宜。

　　如果換個說法來看，買房等於是犧牲資產的流動性來換取一個寬敞的家；而租屋，則是除了實際的住房價值外，還多支付了一些補貼金額，以獲得隨時可以解約的選擇。

買房的金額＝居住價值

租房的租金＝居住價值＋解約時必須付出的各項費用

　　如果是一直租同樣大小的房子，那麼加上解約時所必須付出的一些費用後，租屋所花的金額的確會比較高一些。不過，這部分多出的花費，**可以透過靈活換屋而被充分吸收，結果還是會比較便宜。**

　　最後千萬不要忘了，買房會降低你的資產流動性，以及讓你背負龐大的風險。

購買 10 年後可以賣掉的公寓

關於買房好還是租屋好做了不少比較，終究買房對於家庭收支會造成很大的衝擊，所以還是需要認真研究一下。

前面已經提過，購買房屋這種固定資產，是一個風險極高的購物行為。雖然短期來看，買房比租屋的開銷要少，但買房還是存在著更大的風險。

不過，我們還是有方法可以降低這樣的風險。那就**是購買10年後能夠賣掉的公寓**。

一直以來，提到自用住宅，許多人的感覺就是「永遠的家」。不過現在，想持續擁有房子當然沒問題。不過，因應家庭的經濟狀況變化以及生活模式的變化，也應該同時具有及時換屋的選項。

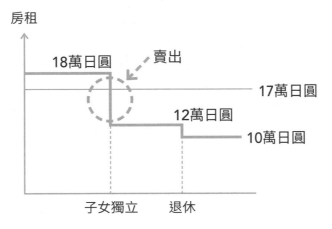

變賣公寓的時機

房租

18萬日圓　　　╴╴賣出

17萬日圓

12萬日圓

10萬日圓

子女獨立　　　退休

買房時，選擇一間子女獨立後，能夠賣出高價的公寓。這樣一來，就可以隨著生活方式的變化，換購適合的公寓。

　　如果購買了一間10年後可以賣掉的房子，就可以應付10年內發生的變化。而10年後，再判斷「要繼續住下去？還是要賣掉？」也不遲。這種擁有多一個選項的安心感，自然心情也會輕鬆許多。

　　房子賣掉後，你可以依照當時的生活模式，選擇購買中古屋或是租屋，決定權都在你自己手中。

　　至於怎樣的房子在轉手時能賣個好價錢，我可以為大家提供幾點參考，我買房的時候，是按照以下這些條件來挑選的。

公寓的購買條件

①公寓優於獨棟房屋（公寓市場較大，容易脫手）

②距離地鐵步行10分鐘以內（中古屋的房價不會跌太多，如果只是離公車站近的公寓，那就較難脫手）

③屋齡5年內（即使10年後也不算太舊，仍然有市場，容易脫手）

④未來計畫開發的地區（10年後房價可能會漲，公寓會越來越值錢）

　　例如，東京廣尾的Residence社區，建築物屋齡也不短，但現在這個社區的中古屋依然可以售出高價。這是因為社區剛建成時種植的樹木，經過多年生長，現在已茂然成林，社區環境十分優美，現在的居住環境可說比剛建成的時候還要好很多，所以這裡的房價並未下跌。從會計上來看，隨著時間流逝價值應該只跌不增的公寓，如果周圍環境越來越好，房價也是有可能增高。

　　此外，即使不賣掉也可以考慮出租。10年後能夠脫手的房子，表示想找房客也會很容易。如果你的房子本身有價值，那你就多了一個選擇，要賣要租都可以。

　　像這樣以換屋為前提購買固定資產，這種方法能夠確保**資產的流動性**。我稱之為**換購規則**。

每年更換個人電腦

這個固定資產的換購規則，對於房屋以外的資產也同樣適用。個人電腦便是其中之一。

雖然個人電腦的價格越來越便宜，但是性能好一點的也是要20萬日圓以上，老實說也不能算是便宜的東西。相信很多人的電腦都是一用好幾年，特別珍惜、小心地使用著。一旦買了就不輕易更換，這大概算是固定資產特有的煩惱。

不過還是有解決辦法。那就是每年都買最新款的電腦，然後把舊電腦放到Yahoo拍賣等二手市場賣掉。

比起其他商品，個人電腦在二手市場較具有一定的保值空間，例如一年前的機型，大概能以購買時價格的七成脫手。這麼一

該折舊？還是該列為當期費用？

日本通常是按照以下標準，來判斷將某項資產列為折舊或是當期費用。

應該折舊的固定資產	固定資產中，購買價格在10萬日圓以上，且使用年限超過1年
能夠列為當期費用的資產	可使用年限不滿1年，且購買價格低於10萬日圓

來，20萬日圓買的電腦，就可以賣到14萬日圓。

以這14萬日圓為底，如果要再買一台20萬日圓的新電腦，只需要再補6萬日圓的差額即可。相當於花6萬日圓就能舊機換新機，入手最新型的電腦使用。只要每年重複這樣的操作，等於每年支付6萬日圓，就能經常使用最新型的電腦。

也可以換個角度理解：**每年只需要花6萬日圓的使用費，就能一直使用最新型的電腦**。如此一來，個人電腦就不再是固定資產，而可以看作短期費用。這樣就能將原本屬於固定資產的電腦，變成可流動的資產了。

若想在二手市場以好價錢賣出電腦，應該注意以下幾個要點：

①選擇熱門的品牌跟機型
②保持電腦的清潔，可蓋上布蓋避免灰塵，或替筆電包膜
③小心保管附件、包裝盒、保固卡、產品說明書等

其中選擇熱門機型尤其重要。如果你買了比較小眾的特殊機型，可能二手價會跌很多。在購買時，不能只想著擁有這台電腦時的事情，而是要以未來要轉手賣掉的情況去考慮。

家用汽車也是很典型的例子。如果是顏色很特殊的車子，在二手市場就沒有辦法賣出太好的價錢。有句話說「白色的TOYOTA Corolla很好賣」，意思就是**購買大家都想要的東西，才是明智之舉**。

當然，相信也有比較有個性的人「不滿足於跟別人買相同的東西」。不過這種做法最終是為了滿足自己的欲求，和保有資產的流動性不同，兩者必須有所區別。

在不易跌價的知名地段
蓋獨棟住宅

　　購買自用住宅其實還有一個策略可供參考。這種方法的關鍵在於土地不會貶值的這個特點上。

　　購買公寓有個風險，那就是房屋本身會隨著時間產生物理性的老化、變舊。為此，必須採取住了幾年後還能脫手的策略。

　　如果房子不會貶值，那我們也沒必要那麼緊張。也就是說，反過來想，只要買個不會老化的資產，應該是很合理的判斷。這個方法就是買一塊價值不會減少的土地，並在上面蓋獨棟住宅。

　　我的做法是在東京都內的一個高級住宅區內買了一塊地，然後蓋了房子。有些時候，有些地主為了支付很大一筆遺產稅，因而著急賣掉土地，所以價格自然也是遠低於此區的平均價格。還有，我

之所以能知道這些資訊，是因為我早就跟好幾家房屋仲介提前溝通過，說我打算購買土地，如果出現好地段好價錢要賣，一定要馬上通知我。

我買的這塊地在過去幾十年來都是知名地段，所以今後也不會出現地價暴跌的情況。這次的購買不需要擔心資產價值減少，從會計角度來看，是一次能夠放心的購物。

既然花了大筆支出在土地上，那麼對於將來必定會貶值的建築物，自然是要盡力降低成本，於是我決定蓋木造房屋。必須考慮到建築物與土地不同，越用會越舊，並且未來可能會重建。如果你蓋的是鋼筋水泥的房子，那麼作為資產它就失去流動性了。

房屋的設計也適用「購買容易脫手的東西」的規則，盡可能設計出能夠滿足大多數人需求的房子。例如車庫的大小，我開的是小車，所以不需要太大的車庫，但是我的車庫還是停得下體積較大的高級車。如果想要買房子的人開的是車型較大的高級車，那麼車庫太小的物件，自然就不會列入購買選擇，因此設計房屋時，要避免這種情況。

有錢的富豪肯定想建造出符合自己品味的房子，但其實他們在設計上也做了萬全的考量。某間公司的社長曾透露，在建造自己附有豪華庭園的豪宅時，也考量了未來可做為婚禮會場的設計。豪宅一般很難脫手，少有買家能一擲千金，但是即使賣不出去，這間豪宅以後也能轉型為商用的婚禮會場，這麼一來，房子就好賣了。

把自己居住、不可能產生利益，反而會變成固定費用的豪宅，設計成隨時都可轉作商業用途的建築，這就是有錢人的智慧啊。

此外，設計成日後可以脫手的獨棟住宅，即使是出租也會非常搶手。尤其是還附有車庫，與在東京都內租間公寓外加停車位的做法相比較，還要更經濟實惠，所以也能很快租出去。

隨時都能出租，也是因為具有地段優勢。所以儘量把錢花在土地上，不要在建築物上花太多錢。這對於維持資產價值、確保流動性而言，都是至關重要的。

購買土地的條件

①知名的好地段（不易跌價，買家較多）

②等待便宜物件並伺機購買（平時就與多位房屋仲介保持聯絡，如果出現好物件，就能立刻被通知）

③蓋房子的成本盡可能壓低（因為資產價值貶值得很快）

④房子的設計不要太奇怪（儘量擴大買家範圍）

所有家用汽車都是負債

就跟村上龍的《所有男人都是消耗品》（すべての男は消耗品である）這本書的書名一樣，所有的家用汽車都是消耗品。在聰明家計簿中，包括大型電視在內的高價家電，還有家用汽車都不會列入資產，其理由就是這些物品在變賣時，幾乎沒有什麼價值了，並且對於家庭收支而言，這些**物品的運作反而還會產生負債。**

養一台車其實很花錢。油錢就不用說了，另外還有停車位租金、驗車費、保險費等多種費用，另外還有燃料稅、牌照稅等稅金需要支付。

假設我們買了一台150萬日圓的車，使用15年。其間，若每月停車位租金是2萬日圓，油錢每月5,000日圓，驗車費每兩年一次10

持有汽車 15 年，花費 820 萬日圓			（千日圓）
汽車購買費用	1,500,000	1次	1,500,000
停車位租金	20,000	180個月	3,600,000
油錢	5,000	180個月	900,000
保險費	60,000	15年	900,000
驗車費	100,000	7次	700,000
牌照稅	4,000	15年	600,000
總額			8,200,000

萬日圓，牌照稅每年4萬日圓，保險費每年6萬日圓，那麼15年開下來，我們總共需要支出820萬日圓。

面對如此高的費用，你還能理直氣壯地說自己的車是「價值150萬日圓的資產」嗎？應該是這樣理解比較正確吧：「我為什麼付了150萬日圓之後，就擔下了670萬日圓的負債？」

順道一提，如果把這筆總額換算成每個月的開銷，那麼應該是820萬日圓÷180個月＝4萬5,556日圓。每個月花費超過4萬日圓，跟每天搭計程車的價格差不多。如果是旅行之類的長途使用，也足夠支付租車的費用。

以暢銷書《富爸爸，窮爸爸》而聞名的羅勃特・清崎（Robert Kiyosaki）下過這樣的定義：**「能夠帶來現金的東西是資產」「會花掉現金的所有東西都是負債」**。從這個定義來看，會產生稅金、停

車位租金、驗車費等支出的家用汽車，就是不折不扣的負債*8。

前文中提到的將豪宅設計成可以當作婚禮會場使用的例子，從需要花費很多維護費用的角度來看，這棟豪宅確實是「負債」，但它又隨時可以轉變為產生收入的「資產」。

用汽車產生利益或許有些困難，所以只有一個方法可行。**如果你買了車卻不經常使用，那麼即使會損失一點，但還是及早脫手比較好。**賣車的收入不僅可以拿去還貸款，還可以斷絕汽車附帶費用帶來的「負債」。

---

8 當然如果你能充分使用汽車這項工具，那麼買車或許還是值得。在大眾運輸系統便利的城市或許還好，但如果是偏遠地區，車子就很重要。而且即使在城市，有台自己的車，可以一次大量採買生活日用品，縮短通勤時間，就能節省時間和金錢成本。此外，停車費也是考量的一個重點，如果自己家裡有停車位，那麼開車的成本就能大幅降低。

壓縮「無形負債」

其實我們的生活中有很多**「無形負債」**，它們像家用汽車一樣，乍看是資產，而細想一下，就會發現它們會產生負債。

例如，你家中有一些根本沒在使用卻又佔著空間的東西，那麼這些東西就是負債，因為你必須為它們的存放空間支付房租。我有一把從來不彈的吉他，但我卻捨不得扔掉。這個吉他一直佔據著我房間的一個角落，數年如一日。如果將它使用的空間換算成成本，其實也是筆不小的金額。如果將吉他賣掉，這部分的成本也就不存在了。

如果你是一個愛看書的人，那麼你書架佔據的空間也是筆龐大負債。我自己搬家的一大原因，就是因為放書的空間不夠了。為了

「無形負債」清單　　　　　（千日圓）

資產	附帶產生的費用	一年的總額
家用汽車	停車位租金	324,000
	汽車稅	45,000
	保險費	120,000
	驗車費	120,000
	油錢	72,000
公寓	管理費	180,000
	修繕公費	1440,000
	火災保險	24,000
	房屋稅	90,000
影印機	墨水費用	25,000

我們可以試著列出清單，將那些伴隨著資產所產生的費用「被看見」。

書而多付出去的房租，就是擁有書本所避免不了的費用。雖然要我把書都丟掉，實在會不忍心。不過我在拙作《整理HACKS!》中也介紹過，可將書籍掃描成PDF檔，利用這個方法來大幅縮減書架所佔據的空間。或是考慮購買電子書，直接無紙化。

　　還有那些多年不穿的衣服，也是佔據衣櫥空間的代表性物品。如果以後也不會穿的話，倒不如全都處理掉、捐出去的好。

將浪費時間的事情都視爲負債

　　浪費我們時間的事情也是負債的一種。如果不浪費那些時間，或許就能用來做其他有意義的事情。本來能夠做到的事情卻沒有做到，這也是一種成本，用經營策略的術語來說，就是機會成本。

　　例如一個年薪500萬日圓的人，他每年工作時數為2,000小時，那麼他的時薪就是2,500日圓。對於一個時薪2,500日圓的人而言，如果浪費了他1小時，就等於增加了2,500日圓的成本，假如這種時間的浪費一直持續，那麼按照清崎的定義來說，就是一種負債了。

　　為了節省經費而一直使用性能較差的電腦，這種做法雖然確實可以控制支出，然而性能差就表示效率不高，重要的時間被浪費掉，也會成為一種負債。假設電腦當機或是跑得很慢，導致1天會浪

費掉30分鐘，那麼一個月工作20天，就是10個小時，一年下來就會浪費掉120個小時。按照前面提到的時薪來計算，實際上是浪費了30萬日圓。從這樣的結論來看，「花30萬日圓換台新電腦」的做法也變得合理了。

事實上，就上班族來說，一般都是每月領取固定薪水，所以即使節省了時間，收入也不會立刻增加。但是從經營者的角度來說，節省時間卻可以讓公司的生產效率帶來直接影響。

例如，豐田汽車的生產方式叫作精實管理，這種模式能夠減少不必要的浪費，而其中最重要的因素就是時間。如果某一個操作能夠10分鐘完成，那麼下一次就要試試這個操作能否在9分鐘內完成。如果9分鐘也能完成任務，那麼就再挑戰看看8分鐘內是否可行。就像這樣不斷有意識地縮短時間，逐漸地將難以察覺的浪費降到最低。在製造業，時間的浪費就等於金錢的浪費。

反過來說，那些能夠幫我們節省時間的機器，我們可以將其視為寶貴的「資產」。舉個例子，像是電子鍋、洗衣機等夠幫我們縮短家務時間的高性能家電，就是非常具有價值的資產。

＊浪費時間的「負債」舉例

使用舊電腦導致工作時間加倍

花時間整理不會再穿的衣服

花時間整理不會再看的書

堆積了許多沒有用的文件，必須花時間從中尋找需要的文件

＊節省時間的「資產」舉例

洗碗機、全自動洗衣機等可以幫助我們家務的家電

隨時隨地都能工作的筆記型電腦

可以自動掃地的全自動機器人吸塵器

資產與負債（資產負債表思維）

以資產負債表為基礎的聰明家計簿，其最大特點就是對資產與負債有正確的認識。這裡向大家介紹它的三大規則及其效果：

＊認識固定資產與負債，聰明家計簿的三大規則及效果

貸款餘額規則→財務緊縮效果

固定資產的殘值歸零規則→理性購物效果

固定資產的換購規則→固定資產流動效果

以往的家計簿，都沒有強調過這三大規則與效果。購入的資產之後到底會如何？其殘值還會剩下多少？資產的運作能發揮多大的

作用？是否符合其價值？過去的家計簿從未有可以檢視這些問題的機制。而聰明家計簿的設計，能讓使用者意識到資產是否有效利用，也就是資產報酬率（ROA），其結果就是從中找出產生浪費的資產。

本章的後半部分，我特別介紹了一些會產生額外費用的資產，也就是乍看是資產，而其實等於負債的東西。資產與負債，看似完全相反，其實兩者互為表裡，而且還能相互轉換。

這點當然也適用於企業。一直以來與歐美企業相比，日本企業一直都沒有很有效地運用資產和資本。即使是以所有產業的平均來看，與歐美國家也有很大差距。

類似資產報酬率的指標，對於投資者來說，在選擇個股時是非常重要的參考。所以很多企業為了獲得投資人的青睞，會致力於壓縮資產。其中一個方法便是不動產證券化（房地產證券化）。

不動產證券化，是將不動產轉化為證券，讓投資者購買（投資），並約定將不動產中獲得的利益進行分紅的一種機制。向投資人出售證券獲得的資金，可以用來償還購買該不動產時產生的長期貸款，也可以透過這種方法將不動產從資產中剔除，以達到健全公司資產負債表的效果。

像這樣將本來屬於資產負債表的項目剔除的做法，稱為「表外」。透過減少負債來提高自有資本比率，可以提高投資者對於企

日本、美國、德國企業資產報酬率走勢（所有產業）

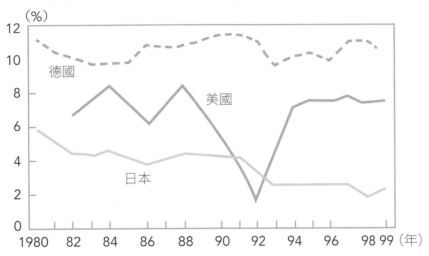

資料來源：日本政策投資銀行《調查》第30期
（備考）
1.根據日本財務省《法人企業統計年報》、美國財政部《Quarterly Financial Report for Manufacturing, Mining, and Trade Corporations》、德國聯邦銀行《Monthly Report》製作而成。日本採會計年度，美國、德國採曆年制。
2.由於資料的限制，日本與美國採用營業損益／期末總資產，德國採用稅前損益／期末總資產進行比較。
3.日本資料不包含金融保險業，美國不包含礦業、批發零售業之外的非製造業，德國不包含電力、瓦斯、自來水、礦業、建築業、批發零售業之外的非製造業。此外，德國只有舊西德公司的資料（1990年前）。
4.由於美國1981年以前的資產報酬率資料並不連貫，德國未公布1999年的業種別資產報酬率，因此在圖表中未列出數字。

業財務狀況的評價。

　　此外，如果利益不變的話，則相應的資產報酬率也會得到改善。資產報酬率是稅後淨利除以總資產所得到的數字。如果總資產的分母變少，那自然計算出來的資產報酬率也會變好。企業如果得

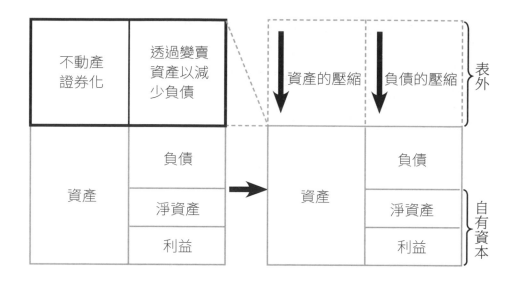

以用更少的資產獲得更多的利益，自然也會獲得更好的評價。

在家庭收支中，肯定無法做到像資產證券化這麼大的規模，但如果要讓資產流動，我們還是可以做到的，這點前文已有提及。例如出售住房、不買車改搭計程車等等。這些方法從資產負債表的角度來看，也都可以說是表外的具體做法。

如今的時代，追求的是讓家庭收支瘦身，除了必要的資產，其餘的統統都不需要。**請拿起聰明家計簿，調整理財策略，實現高資產報酬率的家庭收支吧。**

第 三 章

支出控制秘訣

3

從會計角度看企業重組
的三個過程

　　我們在前一章中介紹了壓縮資產與負債。說到企業重組，大家首先想到的可能是大量裁員，但在會計上，這種壓縮資產與負債的過程，才正是企業重組過程中最為重要的一個步驟。

　　如果想要更深入地理解會計思維，就需要先深入理解企業重組。Restructuring這個詞的原意是重新組織、重新建構的意思，所以企業重組指的就是重新組織企業的過程。然後，藉由這一過程，我們也能夠理解，作為如實反映企業實際狀況的會計，是以怎樣的機制組成的。

　　企業重組實際上有三個步驟，分別是**財務重組、業務重組和投資重組**。我們在前一章中接觸到的是財務重組。除此之外，還有將

企業重組的三個過程

對象	行動	目的	對應的財務報表
財務	變賣資產 壓縮負債	財務健全	資產負債表
業務 (主業)	壓縮固定費用與降低商品成本 重新檢視生產線的配置	讓企業調整成可獲益體質	利潤表
投資	回歸本業 投資未來的新商品、新事業	為長期發展佈局	現金流量表

主要業務重新洗牌的業務範圍的重組，以及仔細篩選未來投資標的的投資重組。

這三個步驟各有一個主要相對應的財務報表。財務重組的主要任務就是**精簡前面介紹過的資產負債表**。企業出售資產，以換取資金來壓縮負債。這樣的做法會導致損益表暫時性地惡化，但在某種程度上這也是無奈之舉。

業務重組則是**對損益表的重新審視**，目的是確保企業能夠靠本業產生利益。大家對於企業重組就是裁員的印象，其實就屬於業務範圍的重組。通常做法是會壓縮固定費用，或降低商品成本。此外，對於效益不太好的業務，要做出選擇和合併的策略（這也與財

務重組有關）。

　　而投資範圍的重組，則是為了讓企業得以長期發展，所著重的課題在於管理投資所需的現金流量。有些研發工作，也許在短期間內很難見到成效，不會帶來收益，但為了企業未來的成長，還是需要持續投入研發所需的現金。如果在這個環節有所疏忽，那麼即使短期內企業的業績得到恢復，將來也難以為繼。

　　在本章中，我們將會介紹在家庭收支中進行「業務重組」的秘訣，同時了解作為其背景的損益表的組成機制。

同時考慮營業收入與費用，
以得出利益

　　讓我們來看一下損益表。一般來說，企業的損益表就像下頁所示，將一定期間（2009年4月1日～2010年3月31日）內的交易做出統計，然後製作成一張表格。

　　在看損益表的時候，首先應該掌握的重點，就是利益是由營業額減去費用所得出的。也就是以下這個公式：

營業收入－費用＝利益

　　這個公式是計算損益時的一大原則。

　　從營業收入中減去營業成本，得出營業毛利，然後再減去營業

損益表（PL）

（平成 21 年 4 月 1 日～平成 22 年 3 月 31 日）

	（百萬日圓）	
營業收入	2,500	營業損益
營業成本	2,000	
營業毛利	500	
營業費用	400	
營業淨利	100	
營業外收入及利益	8	營業外損益
營業外費用及損失	18	
經常利益	90	
非常利益	7	非常損益
非常損失	5	
稅前淨利	92	
所得稅、營業稅等	32	
稅後淨利	60	

費用，得出營業淨利。另外加上營業外收入及利益、減去營業外費用及損失，得出經常利益，再加減掉非常損益後，就得出這一年的稅前淨利。從這一連串的計算可以看出，收入與費用總是成雙成對地出現。**損益表的原則，就是同時考慮收入與費用。**

換個說法就是，如果你想要獲得100萬日圓的利益，那麼你必須同時增加50萬日圓的營業收入，並削減50萬日圓的營業費用。

增加50萬日圓營業收入＋削減50萬日圓營業費用＝100萬日圓利益

　　將利益拆解為營業收入和營業費用，我們就能思考，如何增加50萬日圓的營業收入，以及削減50萬日圓費用的具體方法。重要的關鍵不是苦思如何增加利益，而是將利益拆成收入與費用去思考。

　　順道一提，有一說法指出，優秀的經營者「不會將利益作為生意的目的，利益只是結果而已」。這也在啟示我們，只將眼光放在利益上，就很難落實到具體行動上。

　　此外，管理大師杜拉克（Peter　Drucker）也曾說過：「創造顧客是事業的目的。」利益只是結果，企業不能把利益當作目的，而是應當把精力集中到如何創造顧客、如何讓更多顧客帶來更多的營業收入。

　　那麼該如何運用到家庭收支上呢？自然是提高家庭收入（營業收入）、減少生活開銷（經營費用）、最後才能讓存款（利益）越來越多。如果想要存100萬日圓，那我們就需要和企業一樣，必須雙管齊下，落實增加收入和節省支出這兩個具體行動。

節約＝利益金額＝儲蓄金額

接下來，讓我們再來複習一下損益的計算公式：

收入－費用＝利益

這個損益計算公式，指出以下兩個重點：

① 100日圓的收入不等於100日圓的利益

（因為營業收入中還包含了費用，所以不會等於利益）

② 100日圓的費用等於100日圓的利益

（壓縮的費用將直接轉換成利益）

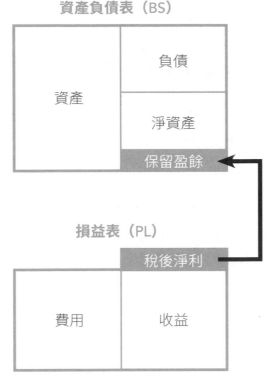

損益表中的稅後淨利，列為資產負債表中的保留盈餘。

營業收入中包含為了增加收入而投入的成本，因此，即使有100日圓的營業收入，這些收入也不會直接轉化為100日圓的利益。

不過，**費用卻與利益等值**，你縮減了多少費用，這部分就直接等於利益。由此可知，控制費用相當重要。

在家庭收支上，費用的控制就更加重要。一般來說，等同營業收入的薪水很難快速增加，因此削減與利益等值的費用，也就是節

約，才會如此重要。

家庭收支中的利益＝節約下來的錢

在家庭收支的損益表上算出的利益，會轉移到資產負債表的淨
資產部分，並更名為「保留盈餘」，這是會計帳的架構。此時，這
個保留盈餘就會與表格左側的現金及存款等資產處於平衡。

假設我們把保留盈餘都轉為存款來管理，那麼前面的公式還可
以改寫如下：

家庭收支中的利益＝節約下來的錢＝儲蓄金額

相信很多人都想要「確實地存到錢」，那麼依照這原則，你該
做的是「確實地節約」。如果想存錢卻又做不到節省，這在家庭理
財中是絕不可能實現的。

以絕對金額來執行節約

　　節省開銷最基本的秘訣,就是將節約金額看作絕對金額。

　　我們以這個問題來舉例:100萬日圓的商品打0.1折,和1萬日圓的東西打5折,哪一個比較划算?

　　可能很多人覺得選1萬日圓打5折的商品比較划算,但從絕對金額來說,100萬日圓打0.1折所省下的錢,是1萬日圓打5折的兩倍,更加划算。因為前者的折扣是1萬日圓,而後者只有5,000日圓。

　　100萬日圓X1%＝1萬日圓

　　1萬日圓X50%＝5,000日圓

即便如此，還是有人會一不小心選了後者，從中我們可以看出兩個有趣的事實。

其一是**人容易被百分比迷惑**。如果從折扣率來考慮，人們自然會覺得折扣越高就越划算，但是從絕對金額來看卻並不盡然。

其二是**一旦金額變大，人對金錢的感覺就會麻痺**。比如國家與地方政府的負債有780萬兆日圓，被誤指為870萬兆日圓，我們的反應可能只是「原來是這樣啊。」因為金錢單位變成兆的等級，我們對錢的感覺就變得麻痺了。如果這是780萬日圓和870萬日圓的誤差，我們就比較能切身感受到金額之間的差異了。

類似這樣對金錢感覺麻痺的情況，也可以對應到人們對於午餐和晚餐金額的差別。

中午吃了900日圓的午餐，和晚上在立吞居酒屋花了1,000日圓，兩者相比哪個比較便宜？可能不少人會不假思索地回答「在立吞居酒屋只花1,000日圓很便宜！」但是這個答案是錯的。在會計上，午餐和晚餐並無差別，900日圓就是比較便宜。

人們總是習慣這樣判斷：「就晚餐來說，這算很便宜了」或是「這頓還喝了點酒，這個價錢很划算了」。然而，會計看的只有絕對金額。

這一系列的錯覺都是**定錨效應**造成的。也就是隨著比較對象的不同，同樣的金額，有時人們會覺得貴，有時卻會覺得便宜。為了

	作為基準點的判斷標準	晚餐問題
能夠節約的人	訂定一個基準點	可以用同樣的基準點判斷午餐與晚餐的價格
無法節約的人	基準點隨著狀況而改變	會覺得「以晚餐來說這很便宜了」

不被這種錯覺迷惑，時刻不忘絕對金額才是貫徹節約的重點。

說到絕對金額，我與太太之間訂立了這樣的規則：3,000日圓以下的購物不需要經過討論，可自行做主。

相當於一次聚餐費用程度的購物金額，與其因為討論而破壞了夫妻之間的氣氛，不如還是互相不要干涉比較好，畢竟有些無形的價值無法單用金錢來衡量。

就像這樣，決定好一個節約與否的基準點是很重要的。以我家的情況來說，3,000日圓就是這個基準點，是不會因情況改變的判斷標準。

設定一年的節約目標

關於設定節約的判斷標準，還有一個很推薦的秘訣，那就是設定整年度的節約目標。事先決定好一年要節省下來的金額，這樣在每次要衡量是否節約時，就能判斷對於整年度的節約目標可以貢獻多少。**每年的節約金額目標，就是判斷是否節約的標準。**

例如我們打算一年省下100萬日圓。

這時，比起1萬日圓的東西打折多少，購買30萬日圓大型電視時的折扣就是更重要的。此時如果我們能省下5萬日圓，那就等於完成了5%的目標。而1萬日圓的東西，就算打對折，那也才達到目標的0.5%而已。

購買大型家電時努力爭取折扣，更有利於年度目標的達成，這

聰明家計簿的目標管理　　　　　　　（千日圓）

資產		7月30日	目標金額	差額
現金	錢包	59	60	-1
	抽屜	100	100	—
銀行存款	A 銀行	1,121	1,500	-380
	B 銀行	215	300	-85
	C 銀行	505	500	5
股票	總額	512	500	12
投資信託	總額	1,498	2,000	-502
債券	總額	—	—	
其他		—	—	
不動產	物件 A	30,000	30,000	—
	物件 B	—	—	
其他		—	—	—
❶資產總計		34,009	34,960	-951

負債				
房貸		34,823	34,500	3423
車貸		—	—	—
卡貸		—	—	—
其他		—	—	—
❷負債總計		34,823	34,500	323

淨資產				
❶-❷淨資產		-814	34,500	323

在聰明家計簿中填入期末目標金額，讓自己可以隨時留意還有多少差額。利用這樣的方法，就可以一邊想像達成目標的過程，一邊進行家庭收支管理。

雖然很理所當然，但我想強調的是，具體地將分母設定為100萬日圓後，我們就能看清楚應該把精力用在哪些地方，才能盡快實現目標。

這個節約目標的金額，放進前面家庭收支的利益公式中，就馬上轉換為利益，也就是存款。與其盲目地空喊「我想要盡可能多存一點錢」，我們應該做的是設定具體的目標，例如：「我要存下100萬日圓」，有了具體的金額，實現目標的可能性才會大幅提高。

順道一提，聰明家計簿中，是在資產負債表上設定這樣的目標金額。透過資產部份的目標設計，管理這期間的利益目標。依照省下的錢直接就能轉換成存款的原則，我們無須用損益表做詳細的管理，利用資產負債表的餘額規則來管理也是可行的。

預付型預算管理術

　　難得這麼認真地設定了節約目標，自然是希望能夠認真地貫徹。但我們總是一不小心就多花了很多錢，這也是人之常情。

　　如果是企業，就會相當嚴格地控制預算。企業通常會設定一套完整的預算控管機制。若是支出超出預算，就必須事先獲得主管的同意，有時甚至需要內部好幾個部門同時認可才行。**因為使用金錢的與管理金錢的不是同一個人，才能嚴格把關，做好預算控管。**

　　不過家庭收支的情況是，花錢的人和管錢的人往往是同一個人。所以遇到心動的東西時，往往就會「算了，花就花了！」而妥協。與企業相比，家庭收支不管事結構上或是機制上，都比較容易產生浪費。

預付型節約法，就是能夠確實執行預算管理的一種機制。我們可以事先訂好預算，然後將這筆錢存到預付型IC卡中，然後當月只能消費事先存入卡片內的錢。如果提前用完裡面的錢，那就必須忍到下個月重新加值之後才能使用。

　　用現金支付不方便做預算管理，使用預付型IC卡，我們就能很清楚地知道自己還剩多少錢可使用。順便提醒大家，記得關閉預付型IC卡的自動加值功能，這樣我們才能知道預算是否用完了。

　　預付型IC卡有許多發卡單位，我們可以根據不同的預算，同時使用多張卡片。例如交通費就用交通系統的Suica，在便利商店就用nanaco或WAON這類IC卡。總之就是依照不同銷售用途，為每張預付型IC卡設定不同預算[9]。

9　本篇的預付型IC卡使用原則，可套用在台灣的悠遊卡、一卡通等儲值卡，或簽帳金融卡上。

日本預付型 IC 卡的特色

	可使用的商店和地區	提供消費記錄	加值金額上限
Edy	全日本17萬5千家以上的商店	6筆消費	50,000日圓
Suica	JR東日本地區外，還包含Kitaca（北海道）、ICOCA（西日本）、SUGOCA（九州）等	26週內的最近50筆消費	20,000日圓
PASMO	與Suica使用地區基本上相同	3個月內	20,000日圓
nanaco	全日本的7-ELEVEN、伊藤洋華堂超市、Dennys餐廳等	3個月內	30,000日圓以下
WAON	永旺（Aeon）集團旗下購物中心、Mini stop便利商店	6個月內	20,000日圓（含提款卡功能則為50,000日圓）

（截至 2010 年 3 月 19 日止）

讓日常生活中的
「拿鐵因子」陷阱被看見

我們在前一章中提到過**「無形負債」**。至於無形費用，大多是由我們持有的資產中產生的，因為難以發覺，所以是很容易忽略的危險成本。

在思考該如何節流的同時，也需要意識到這些看不見的成本。不過，這裡想要強調的並不是與資產相關的費用，而是因生活習慣而產生的費用。一些日常的開銷如果變成了習慣，那我們就會無法意識到自己正在花錢，這些就成了難以察覺的花費。

例如，有人習慣每天投自動販賣機買兩罐咖啡，雖然一天的開銷只有240日圓，但日復一日，一整年下來這筆支出就會變成8萬7,600日圓了。

如果按照前文的例子，以一年節約目標100萬日圓作為分母來看，這筆購買販賣機咖啡的錢居然佔了總額的8.7%，也算是筆不小的開銷了。如果你更享受一些，習慣每天去星巴克喝兩杯拿鐵（340日圓乘以2），那這筆開銷就更大了，一年要花掉24萬8,200日圓。同樣按照一年節約100萬日圓的設定來看，如果你能忍住不去星巴克，那麼一年下來你就能完成將近四分之一的目標，存下一筆錢。

　　這種無意識的花費，大衛‧巴哈（David Bach）在其著作《讓錢為你工作的自動理財法》中稱為**「拿鐵因子」**。他在書中指出，想要成為有錢人，與其絞盡腦汁地去想如何賺大錢，還不如每天省下幾塊錢的「拿鐵因子」，才是更重要的事。

　　有些開銷一旦變為習慣後，就會讓我們在不經意間把錢浪費掉。我覺得可以被稱為**「愛花錢的生活習慣病」**。如果自己有意識到這情況可能還好，然而一旦開始無意識地花錢，花錢時你就不會有痛的感覺，因浪費造成的傷口也會越來越大。

　　這類因習慣而產生的費用，在企業會計中一般包含在營運成本當中。營運成本中的一些花費，或許剛開始是有必要的，但是過了

一段時間，狀況改變，或許就不再需要了。然而人們很有可能會習慣性地一直支出。所以需要清楚地判斷哪些是必要開銷，而哪些支出是可以砍掉的。

若要說還有沒有其他「拿鐵因子」的代表性例子，我覺得在外面喝酒也算是一個。如果能去量販店買瓶酒自己回家喝，相信也能省下相當大一筆錢。

與其習慣性地在外喝酒，增加了「營運成本」，不如用這些錢將自己家布置得更舒服，在家裡也能喝得怡然自得。長期下來，你將省下很大一筆開銷。

租便宜的房子，降低固定費用

還有些花費或許不像「拿鐵因子」那樣會在日常生活中無意識地花掉，但卻是因為「沒有其他辦法」的理由而無法節省，例如每月的住處租金。在大城市尤其如此，房租本來就很高，所以很多人都會將這樣高額的租金當作理所當然的事。然而如果從絕對金額的角度考慮，我們首先應該重組的就是房租費用。

雖然時間不長，但我曾經在紐約、日內瓦、矽谷都住過一段時間。無論哪個城市房租都比東京還高，現在回想起來真是很辛苦。

總之，當時的我對於比東京還要高的房租驚愕不已，但對居住在當地的人們來說，那樣的房租是很合理的。判斷價格是否合理並沒有所謂的絕對標準，而是依照所在地的情況來判斷，也就是相對

標準來判斷。

　　東京的房租也是這樣，依照著「每個人都是付這麼高的房租」的相對標準，所以大家都只能勉強接受。但如果你真的想存一筆錢的話，那就必須放棄這種模棱兩可的相對標準，而應該根據節約目標設定一個絕對金額。

　　這麼一來，生活在大都會地區的你，可能必須住到通勤時間更久的地方，或是坪數較小的房子。但是如果可以習慣，你會意外地發現自己可以適應這些。

　　利用這種削減固定費用的方法，效果將會非常顯著。例如，每月只要省下2萬日圓的房租，一年算下來，你就省下24萬日圓了。就完成了一年節約100萬日圓目標的24%。如果如此持續10年，你就能省下240萬日圓。

　　讓我們稍稍改變觀念，試著減少那些好像理所當然的成本。只需要這一點點改變，就能調整為能產生利益的家庭收支體質。

不被「非日常的陷阱」誘惑

相對於日常生活中的「拿鐵因子」陷阱，還有**非日常的陷阱**。這也是想要省錢的你必須避開的危險陷阱。

這種陷阱就是，**當我們置身非日常的狀態下，就會不自覺一直掏錢**。海外旅行時，花錢特別不節制就是很好的例子。

比如平時你不會去做SPA，但到了國外，抱著「都難得出來玩了」的想法，於是花錢做了SPA。出國玩就是要留下美好的回憶，在被這種情緒帶領的情況下，對於亂花錢的心痛感也變得遲鈍。

不僅如此，由於國外的貨幣單位也不同，讓原本的金錢感覺跟著失準，也是造成浪費的原因之一。尤其去到匯率較低的國家，兌換成當地貨幣後手中的錢就多了起來，於是頓時產生自己是有錢人

的錯覺，就發生了衝動購物的行為。而到了旅行的最後一天，為了把手中的外幣花光，又在免稅店買下許多根本不需要的東西，完全失心瘋。

去看演唱會時，買回的周邊商品也是類似的行為。平常絕對買不下手的昂貴T恤，因為「只有這裡才買得到」，衝動之下就買回家了。還有再也不會看第二次的演唱會場刊、不便宜的團扇等等。一切都是因為演唱會是一個非日常的空間，導致這種盲目消費。

祭典活動的攤販也是典型的非日常的陷阱。不知為什麼，當我們進入祭典這種非日常的空間之後，腦子裡就會有這樣的想法：「比平時貴一點也是無可厚非。」平時只賣100日圓的小吃，在廟會賣到500日圓，即便如此你也會以「今天是祭典嘛，不一樣的～」的藉口，掏錢買單了。

如果不想掉進這種非日常的陷阱，心中就必須時常抱持著堅定的判斷標準，這是很重要的堅持。

破解利益的秘密

前文中我們介紹了一些削減費用的秘訣，不過到底什麼是費用？因狀況的不同會有各種不同看法，連帶也會影響怎麼處理費用的方法。

為了讓大家可以理解這些不同看法，我想向大家介紹一個在會計上的有名問題——豆大福問題。

首先是第一個問題：有一款非常暢銷、每天都會完售的豆大福。製作豆大福的成本是每個30日圓，銷售價格是每個100日圓。有一次因為員工疏忽，把一個豆大福掉到了地上。請問店家損失了多少錢？

①成本的30日圓

②利益的70日圓

③銷售價格的100日圓

每個答案看起來都對。

現在讓我們來看下一個問題：有一間拉麵店，以300日圓的銷售售價提供每碗成本100日圓的拉麵。有位客人不小心打翻了一碗拉麵，於是店家又重新煮了一碗新的拉麵給客人。請問店家損失了多少錢？

①成本的100日圓

②利益的200日圓

③銷售價格的300日圓

再來一個是某間甜甜圈專賣店的問題：這家甜甜圈專賣店大量製作並銷售大量的甜甜圈，一個甜甜圈的成本是30日圓，銷售價格是100日圓。每天總會剩下一些沒賣出去的甜甜圈。這時，一個甜甜圈掉到了地上。請問店家的的損失是多少呢？

①成本的30日圓

②利益的70日圓

③銷售價格的100日圓

大家知道答案了嗎？

首先來看豆大福的問題。因為豆大福一定都賣得出去，所以如果掉了一個，我們可以想做失去獲得銷售價格100日圓的機會。因此，正確答案是損失100日圓。

這裡的費用，我們稱之為**機會成本（Opportunity　Cost）**。如果你是公司經營者，相信這道題的答案你一定胸有成竹，如果你對會計的知識只是一知半解，那麼這道題目可能會讓你很疑惑。

至於拉麵店的問題，答案是損失成本的100日圓。因為銷售金額（營業收入）不變，但店家提供了兩份拉麵給客人，所以可以看作增加了成本。

最後是甜甜圈專賣店的問題，這個問題有個小陷阱。其實正確答案並不在這三個選項當中，正確答案是損失為零。因為店家大量生產和銷售甜甜圈，而且每天都賣不完，總會剩下一些，所以掉了1個甜甜圈到地上，就只是賣不掉的甜甜圈少了1個而已。成本的30日圓確實浪費了，但是與拉麵店的情況不同，並沒有增加新的費用，所以可以認為沒有產生新的損失。

三種不同的利益計算方法

	對營業收入的影響 （①）	對成本的影響 （②）	對利益的影響 （①-②）
豆大福	-100日圓	0日圓	-100日圓
拉麵	0日圓	100日圓	-100日圓
甜甜圈	0日圓	0日圓	0日圓

三種不同的費用思維方法

費用的種類	特色
機會成本	由於這件事而失去了原本應得到的利益。在做經營判斷時，這種費用思維很重要
成本	製作商品而產生的費用。
沉沒成本	已經發生的費用，在做經營判斷時可忽略

這種已經發生的費用，我們稱之為沉沒成本（Sunk Cost）。在做與營運相關的的經營判斷時，沉沒成本是重要的考量依據。

經過以上舉例，相信大家已經可以理解，在不同情況下，對於損失與費用的看法會有所不同。費用改變也就表示利益改變。而利益的判斷則是依狀況而定。

行動前先計算機會成本

學會這種判斷費用的思維後，在我們需要做決定時，就能做出最適當的判斷。

以「要不要開始做副業？」為例，讓我們來試著判斷看看吧。

首先來看看工作能力很強、忙得連睡覺的時間都沒有的人，適不適合做副業。這情況就跟一定賣得完的豆大福是一樣的。這種人需要從正職工作中擠出時間做副業。換言之，就是把本來能夠在正職工作上做出成績的時間，分給了副業，等於放棄了原本在正職中花時間就可賺到的加班費，以及在公司的升遷機會。在考慮是否要做副業時，必須如此計算機會成本。

這種情況下，如果副業不能帶來相當的利益，就很不划算。可

能很快就會做出「還是不要做副業比較好」的結論。

接下來我們來看，如果是一個很閒的人開始做副業，情況就大不相同了。

用來做副業的時間，是一直都沒有有效運用的時間，就像是賣不出去的甜甜圈，也就是沉沒成本（聽起來好像有點悲哀……）就算把這些時間拿來做其他的事情上，也不需要另外計算費用，將營業收入直接看作利益也可以。

做副業之所以有其效果，如果從會計的角度來看，已經花出去的生活費就等同沉沒成本，而且利用多餘時間做的副業，也不會增加新的費用。沒有額外的花費還能夠提高收益的副業，對於家庭收支會有很大的幫助。如果是這種情況，我們的結論就會跟之前的例子完全相反：做副業比較好。

就像這樣，同樣的事情遇到不同情況時，會出現不同的判斷。費用也是如此，會因狀況而有不同的判斷方法。

特別是機會成本很容易被忽視，一定要多加注意。相對於沉沒成本等於是從錢包付出去的錢，機會成本是針對機會設定的假設費用，實際上並沒有真的付出任何錢，因此，所以很容易被忽略。

但是，機會成本卻會對我們的決策產生重大影響，是做判斷時需要確實考慮清楚的重要因素。

這裡再舉一個例子：假設你想去美國留學念MBA。相信大家都

不會忘記要計算學費和生活費等看得見的費用。不過,意外地是很多人都不會意識到出國留學將會產生的機會成本。

　　如果以機會成本的思維方式來考慮,如果不去留學,而是繼續工作的話,你可以穩拿兩年份的薪水。而因為去留學,這兩年本應獲得的收入就消失了,那麼這兩年的薪水就是你的機會成本。如果是年收600萬日圓的人,如果花兩年去去留學,整體費用就會如圖下所示。

	(日圓)
學費	8,000,000
機會成本	12,000,000
合計	20,000,000

　　留學兩年,你實際上付出的成本是2,000萬日圓。花上這樣的金額留學取得MBA學位到底值不值得,確實是個讓人苦惱的問題[*10]。

　　就算金額不大,我們平時也應該養成這種計算機會成本的思維習慣,時時刻刻都要思考:「如果不做這個的話,我能做什麼來代替?」這種思維對於做出正確判斷非常重要。

|　　10　關於如何抉擇,將在〈計算自我投資的獲利〉(第204頁)中做詳細介紹。

鎖定單一興趣

　　前文中我們介紹了如何透過業務重組來控制花費的秘訣。為了提高利益能力，在做決策時，除了要考量看得見的費用，也還要留意機會成本這種看不見的費用。適當地判斷「不應該做什麼」，從而把精力集中到「該做的事情」上。透過這種**「選擇與集中」**的過程，逐步實現企業中的業務重組，以及家庭收支上的節約目標。

　　選擇與集中的思路不僅限於削減費用，還包括將以往多元發展時分散的力量，集中火力在收益最高、最能發揮作用的領域。經由這樣的方法，就能夠改善公司經營體制，大幅提高收益效能。

　　那麼在家庭收支上，我們又該如何運用這一思路呢？如果你是上班族，那麼基本上工作只有一個，自然能將精力全部用在這唯一

的工作上。但問題在於工作以外的事情我們也應該選擇與集中，尤其是那些會讓你不知不覺花錢的興趣，這個也想學那個也想了解，錢自然也是無限制地支出。為了杜絕這種狀況，**只鎖定單一興趣**是很重要的。

鎖定了興趣後，還可以再針對這個興趣做更深入的集中。假如你喜歡看電影，那就再精選鎖定喜愛的電影類型，例如恐怖片、動作片、文藝片等等，只看喜歡的類型，這樣又能成功降低成本。

然後對於這項唯一鎖定的興趣，也不能無止境地花錢，而是事先設定好一整年的預算，不能讓興趣成為無底洞掏空你的錢包。關於預算的設定，可以結合自己的收入與該年的節約目標再來決定。

而且，不能因為是興趣就不加節制地花錢，應該利用自己對這個領域的了解，好好研究怎樣做才能不花大錢又能盡興。

例如，很多鐵道迷都很清楚怎樣才能買到便宜的車票。總之，就是知道又便宜又能開心享受興趣的方法。

另外如果是電影迷，就可以固定去某間電影院，然後購買較為便宜的多張優惠票，或是留意信用卡提供的各種購票優惠。

像這樣在自己的興趣領域找尋「優惠價」，也是一種樂趣。只要注意不要逆向操作，變成追逐「花大錢搶購某某限量品」這樣的浪費行為。

還有一個方法，就是**把興趣變成工作**。如果將某個領域研究為透澈，將其變成工作，增加收益，也是可行之道。這麼一來，投注在興趣上的錢就可以變成必要經費。不過這個方法卻是一把雙刃劍，需要注意。

我曾經與文具顧問土橋正共同出版了《文具HACK!》，這位土橋先生就是把興趣變成工作的人，他將喜歡的文具當作工作，挑選文具、使用文具並從中獲得樂趣，這便是他的工作。

只是把興趣變成工作並非百利而無一害。因為變成工作後，壓力也隨之而來，你可能就無法像以前那樣輕鬆地面對自己的興趣。如果你把興趣當作繁忙生活中的調劑，那麼還是讓它永遠只作為調劑吧。

營業收入與費用（損益表思維）

　　這一章我們介紹了企業的利益，以及家庭收支的節約。你可能會覺得看似簡單的利益，意外地計算起來非常複雜。讓我們再來複習一下，利益到底是什麼？用算式表示就是以下這樣：

營業收入－費用＝利益

　　將營業收入減去費用就得出利益。或許有人會覺得這是理所當然的，但這其實是相當偉大的發現，可說是改變了人類生活的偉大革命。

　　在遠古時代，人類都是靠自己生產生活所需品，過著自給自足

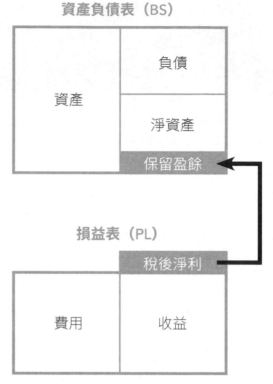

資產負債表（BS）

資產	負債
	淨資產
	保留盈餘

損益表（PL）

| | 稅後淨利 |
| 費用 | 收益 |

也可將損益表及資產負債表的關係，視為反映人類累積
財富的過程。

的生活。這種自給自足的經濟制度下，「剩下的東西」和「多餘的
東西」就只能丟掉，因為即使生產出更多的東西，只要自己用不
完，那就是只是浪費而已。

　　然而當人們開始以物易物，貨幣也應運而生，這些多餘的東西
就突然受到重視。當生產出來的東西有了價值，這個價值透過貨幣
來衡量，物品可以透過貨幣交換、保存後，長久以來一直被視為無

用而丟棄的**「剩下的東西」**，就慢慢變成了**「利益」**。

當人們能夠將利益保留下來後，人類社會開始有了飛躍式的發展。利益這概念非常重要，要說人類的繁榮是始於利益的發明，也毫不為過（這麼說可能有些離題，但人類戰爭的起源，也跟追求更多的利益有關）。

而這種利益誕生的歷史，則如實地呈現在財務報表的資產負債表與損益表中。

在損益表中剩下的稅後淨利，被移到資產負債表中儲存起來。然後用這些積蓄再購入更多的資產，變得越來越富裕。人類社會的進步，其實就是在不斷重複利益的儲存與再投資的循環中實現的。

現在回過頭來看家庭收支，大家的家庭收支狀況是怎樣呢？如果還是像原始社會那樣「什麼都不留地消費」的話，那麼家庭收支也不會有進步。

很多討論節約的書，教給我們的第一步，都是在收入範圍內盡量控制費用，存下利益，因為這是經濟活動中最基本的基本。

然後，學會將損益表思維與資產負債表思維結合起來，融會貫通，也非常重要。

第 四 章

家庭收支
記錄秘訣

4

保存購物收據，
實行家庭收支筆記瘦身法

在前一章中，我們提到了「拿鐵因子」，這類花費都是因為金額太小所以容易忽視。如何將這些看不見的花費變成「看得見」，就變得尤其重要。

我們平時所面對的問題可分為兩種。一種是很難解決的問題。這種問題往往是各種因素交織在一起，明知道有問題，但卻不是那麼容易可以解決。

另一種問題便是看不見的問題。這種問題如果能顯現出來，就能輕鬆解決。可是，這種問題的困難點，就在於我們往往根本沒有意識到它們的存在。

「拿鐵因子」就屬於第二種問題。這些小額支出，我們想省的

話肯定可以做到。但是我們卻很難意識到這些看似微不足道的開銷，其實能給生活帶來很大的影響。該如何讓自己發現這些問題的存在，就是本章的課題。

從結論來說，**解決這種問題最好的方法就是「記錄下來」**。透過記錄就能有跡可循，發現問題所在，進而反省自己的消費習慣。因為這種問題都不嚴重，所以很快就能得到改善。

那麼我們要如何記錄這些開銷？答案自然就是收據（包含發票、交易明細、帳單存根聯等）。什麼時候在什麼地方買了什麼東西，這些資訊收據上都有記載，所以收據是最適合作為記錄消費的工具了。

如果保管好收據，當金錢不知為何逐漸變少時，就可以藉由它們找出「不知為何」的原因。一般來說，原因幾乎都出在習慣性的浪費和衝動購物，這些答案都可以在收據中找到線索。

收據有時甚至可以成為你的不在場證據，讓捲入冤案中的你無罪釋放。當然這只是玩笑話，但不可否認，收據提供了許多重要資訊。如此重要的資訊，我們要好好保管，在想看的時候馬上就能確

認，這樣的安心感是很重要的。

如此有意識地保存消費記錄之後，會慢慢意識到兩件事，第一件事自然就是對於自己消費的自覺。

御宅之王岡田鬥司夫在《別為多出來的體重抓狂》一書中，推薦一種有效的減肥方法，那就是把每天所吃的東西都記下來的「筆記瘦身法」。透過這樣的記錄，你就會發現自己到底吃了哪些東西，又吃了多少這些東西。當自覺到吃了這麼多東西後，你自然就會產生更強烈的減重意願——這就是筆記瘦身法的關鍵所在。

用保管收據的方法進行節約，我們可以稱它作**「家庭收支筆記瘦身法」**。透過記錄，對平時的消費有所自覺，進而提高節約意識，是一種零負擔的家庭收支瘦身法。

收據丟進去就好

　　至於該怎麼保管這些收據，其實只要去文具店或日用品店買個大小適合的盒子就行。從上而下依序放入，只要拿到新的收據就放進去，收據自然會按照時間排序，也不需額外的整理時間。你也可以使用帶插針的傳票插，就不用擔心收據被風吹亂，也非常方便。

　　只不過有些收據上面的字會因日曬而消失，或是像電話費帳單那樣尺寸較大。如果你想避免日曬，並將不同尺寸的收據都整理收納在一起，那麼你也可以買個透明文件夾，全部放進去就行了。透明文件夾有個好處，就是一眼就能看到裡面有什麼。裡面累積了多少收據可以一目瞭然，節約意識也隨之提高。

　　自動販賣機、免開發票的小店、或是聚餐時大家平分付帳的時

候，可能就拿不到發票或收據，這時可以用記事本或便條紙寫下，並且與收據一起保存，重點是要把消費記錄下來。

如此一來，看著收據越積越多，你就會意識到「我花了好多錢」。以往拿到發票收據就隨手扔掉，沒有意識到自己花了多少錢的情況，現在都可以**從收據累積的厚度一眼看得一清二楚。**

意識到現金都變成了什麼

透過保管收據發票，我們還能意識到一件事，那就是**「所謂的購買商品，其實是透過貨幣進行的等價交換行為」**。

對於許多人而言，買東西就是消費、然後獲得商品和服務的過程。為了買麵包，於是付出100日圓，在拿到麵包的瞬間，我們就會覺得自己手裡拿的是麵包而不是錢。等我們把麵包吃掉後，就會連買過東西這件事都忘掉了。

然而如果以會計思維來思考，結果就截然不同。麵包是以100日圓交換而來的商品，當你吃掉麵包後，這個麵包也會留下100日圓的費用紀錄。如此一來，我們用100日圓的貨幣換取了1個麵包的事實，就會如實地留下紀錄。購買商品後，也要透過數字確實地掌握

該商品的價值。在管理家庭收支時,養成這樣的會計思維很重要。

養成保管收據的習慣後,你應該就可以確切體會到自己逐漸培養出這種會計思維。花出去的錢變成了收據,然後被保存下來。看著越積越多的收據,你可以真實感受到「原來我花出去的錢,都變成這種東西了」,這便是記錄消費的本質。

因為這種真實感受,能讓你意識到**因為買了些什麼(原因)而錢變少了(結果)的因果關係**。

筆記瘦身法也是同樣的原理。透過記錄自己吃過的食物,我們就能清楚地掌握「因為自己吃了什麼,所以體重才會增加」的因果關係。既然看清楚了前因後果,自然也就知道該控制飲食了。

家庭收支也是如此。透過保管收據,我們就能在事後掌握消費的因果關係。如果再搭配上以餘額規則管理的聰明家計簿,甚至不需要用到計算機計算這些數字,只要把消費記錄保留下來就足夠。

這種連結了原因和結果的方法,其實是會計發展上的大發現,也是會計得以發展到今天這樣的高度技術水準的一個重要轉捩點。

複式簿記的會計思維

　　同時記錄金錢進出的原因與結果，這個發現讓會計發展有了大幅的進步，這就是複式簿記。

　　在複式簿記發明前，人們一直採用的是單式簿記法，基本上單式簿記只能知道現金的進出狀況。

　　例如，購買一台20萬日圓的電腦。單式簿記的記錄方法是：

　　手上的現金30萬日圓－20萬日圓＝餘額10萬日圓

　　而複式簿記的記錄方法就會如下圖所示，能夠清楚地記錄下現金交換為辦公用品的情況（這種記錄金額的方法，叫作分錄）。

辦公用品	20萬日圓	現金	20萬日圓

比較這兩種記帳方法，一眼就能看出單式簿記只記錄了數字上的變化，我們只知道支出了20萬日圓後，手裡少了20萬日圓。而複式簿記，則是記錄了花出去的20萬日圓，變成辦公用品的電腦，且具有20萬日圓的價值。也就**是將現金減少的原因和結果，切實地以數字形式留下記錄。**

如果用保存收據來說明，就是以下情況：

①單式簿記的花錢方式

收據直接丟掉，在搞不清楚錢花到哪裡去了的情況下，錢包裡的餘額越來越少。

②複式簿記的花錢方式

為了知道用錢交換回什麼東西，因而將收據保存下來。在花錢的同時，也能意識到錢包裡的錢轉換成另一種東西。

哪一個才是聰明的花錢法，一目瞭然。而且複式簿記思維的好處，並不只是讓我們能夠謹慎消費、有效節約。

讓我們更進一步看看單式簿記的最後計算結果：單式簿記會將

每筆金錢的進出都記錄下來，期末時再以收支計算表作總計。

初期餘額❶
收入❷
支出❸
（❶＋❷－❸＝期末餘額）

從這樣的紀錄，確實能讓我們清楚一段時間內的收入與支出，以及手上的現金餘額。但是現金之外的其他資產，就完全無法掌握。這與前面舉的購買電腦的例子一樣。

那麼複式簿記的情況又是如何呢？

在複式簿記下，這些內容會記錄在資產負債表和損益表當中。從資產負債表，可以清楚看到資產紀錄，而資產負債表的左側欄位，也記錄了手上還有多少資金。

此外，為了獲取資產所進行的資金籌措情況也被記錄下來。例如，貸款買房的時候，資產負債表的資產雖然會增加，但負債也同時會增加。

這種記錄方法對於企業尤其重要。因為企業的資金，原本就是跟股東預支的錢（資本）和跟銀行借來的錢（貸款）。複式簿記能夠記錄這些從別人那裡獲得的金錢是如何被使用，對企業會計而言是絕不可少的。

資產負債表				損益表		
資產	負債			費用		利益（營業收入）
	淨資產					
	本期利益	=		本期利益		

複式簿記的英語是Double-entry bookkeeping。既然是double-entry，自然就需要做兩個紀錄，也就是「資金的來源」和「資金轉換成了什麼」。**合併記錄花錢的「原因」和「結果」的做法就是複式簿記。**

只看結果無法了解事情的全貌。不僅限於會計，世上發生的所有事情都是有果必有因。只有正確掌握了原因，才能真正地看清楚事件本來的意義。人生哲學之父詹姆士·艾倫，在《我的人生思考》中也提過，正確掌握原因，就能擁有改變人生的力量。

看到這裡，相信各位讀者也不難理解，導入了合併檢視原因和結果的複式簿記，何以能夠大大地推動了會計機制的進步。

簡單理解借方、貸方的方法

　　在學習複式簿記的時候，很多人都會混淆兩個專有名字，那就是**借方**和**貸方**。

　　例如，在資產負債表和損益表中，都有左欄的借方，跟右欄的貸方。

　　在資產負債表中，為什麼自己擁有的資產是借方，而明明是借來的負債卻是貸方？淨資產也在貸方裡，到底是貸給了誰？

　　損益表也一樣令人費解，費用是借方，而營業收入是貸方，究竟是以什麼為根據？為什麼營業收入增加時，就會產生借方和貸方的分別？真的太難懂了。

　　因為實在太複雜，以至於很多人都痛恨翻譯出借方、貸方的福

資產負債表的借方、貸方		
（借方）	（貸方）	
資產	負債	
	淨資產	

損益表的借方、貸方		
（借方）	（貸方）	
費用	利益 （營業收入）	
利益		

澤諭吉，也有人認為，一生譯作無數的福澤諭吉，人生最大誤譯就是這兩個詞。

英語中的借方是debit，貸方是credit，相效之下可以很直覺地理解。

說到借方（debit），請大家想像一下使用簽帳金融卡的情況。我們在買東西時，購物的錢會馬上從銀行存款中扣除。能夠直接扣除自己所擁有的資產的簽帳金融卡（Debit Card），可以說是借方所使用的卡。

而另一方面，貸方（credit）的概念就請大家想像一下使用信用卡的情況。購物的錢不是立即支付，而是先保留了一個月，每個月總結一次。在每個月結算之前，這些錢都是作為支付債務被記錄在右欄。之所以可以用這種方法支付，原因在於有支付債務能力的

資產負債表中 自己的部分和別人的部分		損益表中 自己的部分和別人的部分	
（自己的部分）	（別人的部分）	（自己的部分）	（別人的部分）
資產	負債	費用	利益 （營業收入）
	淨資產	利益	

信用（credit），也就是所謂的信用交易。進行信用交易的信用卡（Credit Card），可以說就是貸方使用的卡。

即便如此，還是有些不好理解的地方。例如，損益表中的借方和貸方，就算用英語的debit和credit來思考，也很難明白為什麼費用和利益算是借方，而營業收入卻是貸方。

因此，我們需要一個更容易了解的方法，那就是：**把借方視為自己的部分，而貸方則視為別人的部分。**

這麼一來，是不是資產負債表也更好理解了？資產就是留在自己手上的部分。而負債記錄了從他人那裡籌措而來的錢，所以是別人的部分。而淨資產也是別人的部分，因為資本通常都是跟別人借來的，所以淨資產是貸方。

然後再來看損益表，營業收入增加，代表將東西銷售給別人，所以應該記錄到別人的部分。而另一方面，用在自己身上的費用和留在自己手中的利益，自然就應該記到自己的部分。

　　複式簿記的分錄，就是像這樣將帳目區分為自己的部分和別人的部分，然後記錄交易內容。

收據無須細分，
只要分「必需品」和「非必需品」

　　複式簿記的分錄，就是這樣將所有會計上的交易，都分為借方和貸方來記錄。並按照這個機制，將資產負債表中的資產（借方）與負債與淨資產（貸方）的變動記錄下來。

　　傳統的家計簿，會將保存下來的收據，按照伙食費、服裝費、書籍費等分類。如果用複式簿記的分錄來記錄的話，就是變成如下頁圖表所示。

　　表格中的水電瓦斯費、日常消耗品等項目，叫作「科目」。在企業會計中，所有交易都要根據不同科目記錄。每出現一筆交易，就要支付現金、存款或應付帳款給貸方（別人的部分），而借方（自己的部分），則要記錄由這些金錢換來的產品或服務。

借方（自己的部分）		貸方（別人的部分）	
水電瓦斯費	1,400	存款 （自動扣繳）	1,400
日常消耗品 （購買文具）	945	現金	945
車輛相關費用 （油錢）	4,420	現金	4,420
交際費 （約會花費）	6,800	應付帳款 （使用信用卡）	6,800
房租	125,000	存款 （自動扣繳）	125,000

　　但是要將這樣的記錄方式也用在家庭收支的管理上，會十分辛苦。一般的家庭收支，不需要像企業管理得那麼精細，所以應該用更簡單、實用的「分錄」方法。

　　這裡就向大家介紹一個很簡單的二分法，只要分「必需品」和「非必需品」兩個科目就好。執行起來非常簡單，只要將保留下來的收據，分別放入「必需品」跟「非必需品」的盒子就好。

　　留下收據、分類、放入盒子，就這麼簡單。即使是如此簡單的分類，也能督促我們反省：「下次不能再這麼亂花錢了」。這個其實就是所謂的PLAN→DO→CHECK→ACTION（PDCA）循環中的檢視過程。有些東西，買的時候我們認為可能用得著，但是過了一

兩個月再看，發現其實根本就用不到。為了可以確實地反思這種消費習慣，所以必須區分必需品和非必需品。

　　所謂的衝動消費，很多情況下就是當時認為「很需要」，所以掏錢買了。而等熱情消退後，再冷靜地回頭看看，我們就會發現自己又浪費錢了。**將收據分類為必需品和非必需品，就能讓我們在日後反思自己的消費行為。**

製作「浪費清單」

為了改掉亂花錢的毛病，讓被分到「非必需品」的收據越來越少，還有一個重要的步驟，那就是製作「浪費清單」。

透過將容易浪費消費的東西列到清單中，**不僅能讓自己認識這些浪費，還能昇華成具體的行為準則**。如果用PDCA循環來說，就是從CHECK的環節更進一步到ACTION的環節。

最重要的就是實際的行動。而這張清單能大大發揮控制行動的作用。

為了確保浪費清單能夠發揮其強制力，為了了解購買這些東西究竟造成多大的放費，我們還要計算出一整年的總額。如此一來，想必各位都會被自己浪費誇張的消費習慣給嚇到。如果能將這樣一

浪費清單

浪費清單
1 罐裝果汁
2 咖啡店的咖啡
3 沒讀完的書
4 無謂的聚餐
5 深夜回家的計程車費

一整年的浪費金額　　　　　　　　　　　　（日圓）

	一次	一個月	一年
1 罐裝果汁 （1 天 1 罐，20 天份）	120	2,400	28,800
2 咖啡店的咖啡 （1 天 1 杯，20 天份）	340	6,800	81,600
3 沒讀完的書 （1 個月 1 本）	1,500	1,500	18,000
4 無謂的聚餐 （1 個月 1 次）	3,500	3,500	42,000
5 深夜回家的計程車費 （1 個月 1 次）	5,000	5,000	60,000
合計			230,400

大筆錢省下來的話，也就不會產生無謂的浪費了吧。

這張**浪費清單其實也是自己的弱點清單**。若是企業的話，這些弱點就會以高成本的樣貌呈現。如果缺乏企畫能力，就會支付高額的企劃外包費用。如果是生產能力不足，則製造費自然就會攀升。浪費清單在個人情況時，是顯現浪費習慣，在企業情況時，就是營運上的弱點。

日本製造業的強項就在於極少浪費，這些企業都擁有不產生浪費的確實方法。

將這個浪費清單印出來，盡量放在顯眼的地方，可以夾在記事本裡，可以貼在冰箱上，或放在錢包裡，隨時提醒自己。如此一來，當你又想亂花錢購物時，這張清單就能讓你清醒過來。

用存摺留下交易紀錄，
另外開立儲蓄用帳戶

留下紀錄的方法不只有保存收據一種，還可以利用銀行存摺。而且，存摺的紀錄更能運用在正式紀錄上。不同於收據，銀行存摺不會消息不見，而且可以自動計算存款餘額，所以跟收據相比，是更好的家庭收支筆記瘦身法的工具。

對於可以從銀行帳戶直接扣繳，或是可以用轉帳支付的開支，最好盡可能這樣處理，如此一來就能在存摺上留下紀錄。此外，支付房貸等貸款，基本上也應該是從帳戶上直接扣款。

除此之外的開銷，如果連幾百日圓的零碎消費，也要使用存摺記錄，未免有些小題大做。但是，如果是幾萬日圓的購物消費，還是在帳上留下紀錄比較好。

這時就可以利用銀行的簽帳金融卡來支付，非常便利。在家電量販店等商店購買高單價商品時，不僅不需要隨身帶著大筆現金前往，也能如實留下消費記錄也。

利用銀行存摺可以如下記錄消費：

・自動扣繳水電瓦斯費、電話費

・自動扣繳房貸等貸款

・提領生活費

　我們可以自行訂下領錢規則，例如每週領一次當週的生活費

・使用簽帳金融卡購買高單價商品

這種存摺記錄的方法，也會有家庭收支筆記瘦身法的效果。

除了這種記錄方式外，再推薦大家一個秘訣，那就是**單獨開立一個儲蓄帳戶**。領出所需要花費的金額，轉出各筆費用之後，就將戶頭裡剩餘的錢，轉到專門儲蓄用的帳戶。

之所以這麼做，是因為如果不區分儲蓄帳戶和日常開銷帳戶，把錢都放在一個籃子裡的話，肯定會一不小心就多花了錢。想存錢就不能止步於「想」，還要落實到行動，在數字上也很明確地區分，一定要分好儲蓄用的戶頭。

如果你還想做些投資，那麼建議你再開立一個投資專用的帳

戶。有了專門的帳戶，你就能夠清楚地看到投資的成績。還要提醒大家，千萬不要把投資帳戶跟儲蓄帳戶合併使用。不然如果投資失敗時，忍不住把原本存下來的錢投入，可能會讓損失越來越大。

開立三個銀行帳戶

＊日常帳戶（用於日常消費）

＊儲蓄帳戶（絕對只進不出的帳戶。這是為了將來或是緊急
狀況所準備的帳戶）

＊投資帳戶（儲存多餘資金供投資使用）

像這樣好好靈活使用三個帳戶，就能留下更清楚易懂的家庭收支紀錄。

分類使用信用卡

　　說到分開使用，**信用卡也很適合分類使用，以留下紀錄**。如果設定好每張信用卡的消費用途，那麼每個月的信用卡帳單，就能直接拿來當作該用途的支出紀錄。

　　例如，旅行和出差時固定只使用某張信用卡，這樣若想知道這趟旅行花了多少錢，隨時都能查到。而且也可以立刻計算出整年度的消費總額，出差時的各項支出也不擔心漏報了。

　　不僅如此，分類使用信用卡非常方便，還能幫助我們看出「非日常的陷阱」。前文中曾經提及，海外旅行時，很容易因為「難得出來玩」的心情導致過度消費，買下很多不需要的東西。如果專門使用某張信用卡來支付這種非日常的開銷，事後就能很容易地確認

自己當時掉入了哪些陷阱，花了多少錢。如果將非日常的開支和日常開支混在同一張卡的話，反而就失去了自我反省的機會。

如果想管理某一類別的每月預算，也可以使用信用卡。比如我無論是在書店還是Amazon買書，我都用某張特定的信用卡付費。這樣就可以輕鬆計算出每個月花了多少錢買書。

如果只在特定的網路商店購物，自然會留下全部的訂單紀錄，但如果是在多家網路商店及實體店面購買的話，就很難留下統一的紀錄。不過，即使買東西的地方不一樣，只要統一只使用某張信用卡消費，還是能將全部消費紀錄都留下來，方便我們做預算管理。

委託他人製作家計簿

如果你覺得計算這些開支太麻煩，也可以尋求他人的幫助。如果你已婚可以請配偶幫忙，或許你的另一半會很樂意協助。

任誰都會對別人花了多少錢很感興趣，更不用說是同住一個屋簷下的家人了。如果你盲目購物亂花錢，而被另一半發現且痛罵一頓，相信沒有比這個更強而有力約束力了。如果因為買得太誇張而遭到「留校察看」（笑），相信你會想盡辦法讓自己在購物時更加收斂。

不過，如果因為這種事情而傷了和氣，引發爭吵的話，也不利於心理健康。所以，如果你覺得委託給完全不認識的陌生人比較好的話，現在在日本也有幫忙記錄家計簿的服務。

在日本，像這樣協助家庭收支管理，代為記錄家計簿的服務，每月只要支付服務費用，然後將收據、帳單等郵寄過去，對方就能提供包含財務規畫建議的家計簿。

這樣就能減輕不少負擔。如果是要管理一整個家庭的支出，那記錄家計簿確實相當辛苦。若使用這樣的服務，只需要把全家人的收據集中在一起，每個月郵寄一次就可以了。

錢要優先用在自己身上

像這樣持續記錄自己的開銷，應該就會漸漸明白，我們是如何不斷地把錢付出去給別人，當然也會產生「我這樣的花錢法，肯定無法存到錢」的想法。不僅無法存錢，還要為了各種開支努力工作，這種生活方式實在太不聰明。

不過有錢人的想法卻是大不相同。前文中提到拿鐵因子時介紹過的《讓錢為你工作的自動理財法》這本書中，富豪夫婦說了這麼一段話：

「許多人在領到薪水後，大多都是先還帳單的錢……如果還有些剩，才是存起來。也就是說，錢都先付給了別人，最後才是付給

自己。不過，我父母曾對我說，如果真的想在金錢遊戲中獲勝，那就必須把這個順序反過來。首先把自己要用的錢先預扣下來，然後才是支付帳單或其他開銷。」

錢要最優先使用在自己身上。看起來雖然簡單，但這就是你是否能夠成為有錢人的分水嶺。這本書也提到，預先扣除要給自己的錢，就是能夠自動成為大富翁的方法。

如果是以支付給他人為優先的狀態下存錢，那就是為了存錢而做預算管理。然而這種預算管理不僅費時費力，還很難堅持，一不留神花費就會超出預算。這種做法要求你要有很強的忍耐力，眼看著錢卻不能花。

而預先扣除儲蓄金額就不一樣了，在你看見錢之前，就已經先把這筆錢付給了自己，所以可以當作「本來就沒有這筆錢」。如此一來，你也不需要費力地做預算管理，只要考慮如何用手上的錢過生活就行了。

前文介紹了開立多個銀行帳戶的秘訣，其實你也可以為自己開

立一個專門用來自動預先扣除的存款帳戶。

就連日本的億萬富豪本多靜六也推薦這種自動預先扣除的方法。他在自己的著作《生命的活法》中也介紹過**本多流的「四分之一儲蓄法」**。也就是薪水入帳後，立刻自動將四分之一的錢轉帳到專用的存款帳戶裡。

本多靜六從大學開始工作以來，親戚們就倚靠著他的收入生活，所以他每個月生活都非常拮据，無法存錢。於是他體認到這樣下去不是長久之計：

「若想要脫離貧窮，首先就必須從自己這一方主動進攻，打倒貧窮。不能受貧窮所累，被動地勒緊腰帶過日子，而是要積極、主動地勤儉儲蓄，必須反過來凌駕於貧窮之上才行。」

於是他便開始實行「四分之一儲蓄法」。

雖然說法上不太一樣，但其實這種做法和優先把錢花在自己身上的做法相同，都強調應該要有主動存錢的強烈意志力。

不過話說回來，如果真要每個月預先扣除薪水的四分之一，可能就無法維持生活了。所以剛開始的時候，先從轉存5%開始，等到薪水漲了，生活逐漸有餘裕時，再慢慢提高預轉的比例。

總之，預先扣除的存款方法，便是成為有錢人的不二法則。

複式簿記記錄
金錢流向的因果關係

「剩下的錢怎麼比我想的還少？」我想可能大家都有過這樣的焦慮。然而，令人意外的是卻很少有人會去追究原因出在哪裡。只關注「沒有錢了」的結果，卻沒有把焦點放在最重要的原因上。

減肥也是如此，大家總是會自動忘記飲食過度的原因，只注意眼前自己又變胖了的結果，這樣是永遠都無法減肥成功的。因此岡田鬥司夫才會建議大家使用筆記瘦身法，利用留下來的飲食紀錄，掌握之所變胖的原因，然後才能真正減肥成功。

其實會計也是一樣的。**使用複式簿記的方法記錄金錢流向的原因和結果，就能從會計的角度檢視經營狀況。**

要在家庭收支管理中採用複式簿記會十分麻煩，所以向大家介

紹了簡易的「分錄」方法，只要區分「必需品」和「非必需品」就好。如此簡單的方法也能發揮效果，因為能讓我們確實掌握金錢流向的因果關係，促使我們反思購買的東西是否真的有價值。

而我們又從這種因果關係，更進一步事先預定好結果，也就是優先支付給自己的自動預先扣除的儲蓄法。一般的家庭收支都是先有原因，後有結果，不過這個方法則是事先扣除想要留下的利益，先確保結果。

接下來，為了達成原本預期的結果，控管好成為原因的費用。如果「家庭收支筆記瘦身法」控制的是原因，那麼自動預先扣除儲蓄法，就是先**確定結果的家庭收支控制法**。

在本章我們介紹了兩種方法，一種是記錄原因的家庭收支筆記瘦身法，另一種是先確定結果的家庭收支控制法。不管採用哪種方式都可以，也可以將兩種方法加以組合使用，效果會更好。大家在管理家庭收支時，請務必嘗試看看。

聰明家計簿的製作步驟

以往的家計簿都是基於損益表（PL）設計的，
而聰明家計簿是基於資產負債表（BS）設計的。
從損益表轉向資產負債表的思維方式，正是聰明家計簿的重點！

1 　基本規則（三大規則及其效果）

❶ 現金餘額規則
　（用錢包裡的現金餘額計算支出）　　　　→ 小豬撲滿效果

❷ 紙鈔規則
　（以千日圓為單位管理）　　　　　　　→ 經營者視角效果

❷ 隨意規則
　（以一周或一個月為單位記錄和計算）　→ 家庭收支快照效果

用這些基本規則擺脫傳統家計簿的瑣碎與麻煩！

2 　聰明家計簿的記帳方法

Step ❶ 記錄資產
　　　・Ⓐ 記錄流動資產（現金、存款、股票等）
　　　・Ⓑ 記錄固定資產（住宅（現在出售的價格）等）
　　　・Ⓐ＋Ⓑ＝「資產合計」
Step ❷ 記錄負債
　　　・記錄並計算房貸、助學貸款、車貸等長期貸款
Step ❸ 計算淨資產
　　　・「資產合計」－「負債合計」＝「淨資產」

（記錄方式請參考第 47 頁）

3 　固定資產與負債的計算 （三大規則及其效果）

❶ 貸款餘額規則
（經常注意貸款餘額與資產殘餘價值是否平衡）　　→ **財政緊縮效果**

❷ 固定資產的殘值歸零規則
（汽車或電腦若超過使用年限，其資產價值就　　→ **明智購物效果**
應該以零計算）

❷ 固定資產的換購規則
（不一定要買房，有時後租屋反而更划算）　　→ **固定資產流動效果**

＊ 　以聰明家計簿為前提的日常理財秘訣

重點	利用收據與存摺記錄

收據 （基本做法是不丟掉，保存下來）

- **收集、分類**……利用傳票插或透明文件夾等文具→收據及發票不用細分，只要分「必需品」和「非必需品」即可。

- **效果**…………累積的收據厚度讓支出狀況「看得見」→發現無謂的浪費→節約

製作浪費清單

ⓑ 銀行存摺 （基本做法是盡量以銀行轉帳方法支付費用）

- 開立三個銀行帳戶
    - ① **日常帳戶** （用於日常消費）
    - ② **儲蓄帳戶** （絕對只進不出的帳戶。這是為了將來或是緊急狀況所準備的帳戶）
    - ③ **投資帳戶** （儲存多餘資金供投資使用）

第 五 章

投資秘訣

5

用錢賺錢，擺脫無意義的競爭

前面已經向大家介紹過，透過結合聰明家計簿和家庭收支筆記瘦身法確保稅後淨利，並將這些利益轉為儲蓄的秘訣。

這時做為保留盈餘加入淨資產的現金，當然可以儲存的形式放在銀行裡，但是身處低利時代，銀行的利息實在少得可憐。

有個說法是：「不要靠自己工作，要靠錢賺錢」。平常我們都是靠工作換取金錢，但工作時間有限，能賺到的錢也有限。清崎在《富爸爸，窮爸爸》中，將這種為錢而辛苦工作的方式叫作**「老鼠賽跑」**。

想要擺脫「老鼠賽跑」的惡性循環，就不能依靠自己工作，得讓錢來為自己工作。這就是富爸爸的智慧。

聽到將工作說成是「老鼠賽跑」，或許有人會覺得反感，不過我這裡說的老鼠賽跑指的是為了生活不得不委屈自己做不喜歡的工作，也就是作為義務的工作。

如果現在給你一大筆財產，可以讓你一輩子生活無憂的話，你還會繼續現在的工作嗎？或許很多人會回答「不」。如果是這樣的話，那就說明他們現在的工作，多多少少都帶有一些「老鼠賽跑」的性質。

如果可以完全不為生活奔波的話，那麼你的人生就可以用更多的時間去做自己應該做的事情，或一直想做的事情。提及「擺脫老鼠賽跑的惡性循環，獲得財務自由」，可能很多人腦子裡浮現出的都是好吃懶做的頹廢生活，但實現財務自由後，我們才有更多的時間去做自己更想做的事情，讓自己的生活更加豐富多彩。

想要獲得財務自由，最重要的一點就是如何讓錢更好地運作，也就是我們該如何投資。本章將跟大家介紹一些有效的投資秘訣。

沒有低風險、高獲利的投資

提到投資秘訣，可能有人會期待我介紹些什麼投資「祕技」，怎樣以極低的風險，獲取極高的獲利。然而現實中是沒有如此美好的投資存在的。

不，可能多多少少還是存在的吧，只不過那是極少數人才會知道的內幕消息*12。因為當很多人都知道的時候，投資者就瘋狂湧入了，到時候獲利也會跌落到與風險相當的水準。

風險與獲利會有一個相應的平衡，這就是市場的調節機制。無論是股票、房地產還是外匯，最終都會穩定在與風險相當的一個獲利水準。**想要有高獲利，相對地就必須承擔高風險，這是投資的大原則***13。

不過也有反例，也就是相較於獲利，風險相對過高的標的。這類投資標的，越投資風險就越大。也有一些投資標的不易看清真正風險，甚至還有更惡劣地故意隱瞞投資風險的標的。雖然聽起來可能有些消極，但投資秘訣的第一步，就是避開與獲利相比，風險過高的投資標的。

像這類風險過高的投資商品，令人意外的是就在你我身邊，例如信託投資。即便是廣為人知的投資商品，其中也有部分商品會收取一筆不小的手續費。

即使預期報酬率高達10%的投資商品，如果被扣掉3%的手續費，那對投資者而言也是不小的負擔。而且投資者還必須承擔與

12　有些所謂的「好康」的投資標的，只對少部分特定人士開放，所以你必須「變成有錢人」，或「跟有錢人親近，打入他們的圈子」，才能獲得這種資訊。

13　風險是一個經濟學詞彙，意味著一種不確定性。能產生利益的變動叫作上行風險（Upside Risk），而造成損失的風險則是下行風險（Downside Risk），無論哪種都是風險。而本書中使用的是大家平常使用的說法，將上行風險稱為獲利，下行風險稱為損失。

10%的報酬率相當的風險，真是太不合理了。隨著投資時間的累積，這個風險與獲利的差距還會越變越大。

如果把錢投入到這類金融商品中，別說賺錢了，可能連本錢都拿不回來。這種做法不是讓錢為自己工作，而是拿錢開玩笑。所以也有人認為，信託投資存在著這些難以察覺的成本和風險，還建議「不要投資信託產品」。

其他還有標榜「高獲利」的投資商品，卻故意隱瞞存在著「遠高於獲利的風險」，其實不利投資，最有名的案例就是阿根廷國債。基本上國債應該是最能保證回本的投資標的，但有個前提，那就是這個國家不能破產。沒想到在2001年，就發生了這件令所有人震驚的事情。由於阿根廷拒絕履行債務，所有投資人手中持有的該國國債，都成了一文不名的廢紙。

阿根廷國債的利率確實很有魅力，但過度追求高獲利的結果，就是對機率很小的國家破產風險完全沒有察覺，最終遭受了龐大的損失。

從中我們可以得出一個教訓，那就是應當選擇風險與獲利相當、誠信且公平的投資標的。如果被高獲利蒙蔽了雙眼，就絕對避免不了意料之外的風險。

針對這一點，接下來的秘訣，就是可以推薦給所有人的投資標的，也就是「優先償還」原則。

「優先償還」原則

如果你還有沒還清的貸款，那麼建議你在投資之前，先將這些貸款還清。因為，**償還貸款才是最明智、最實際的「投資標的」**。

許多投資都伴隨著風險，利率越高，就越難收回本金，也會有下跌的風險。

然而償還貸款卻沒有任何風險，而且只要你償還了一部分，那麼剩下的貸款利息就會跟著減少。這種投資不需要你承擔風險，還能獲利（因為貸款利息減少）。

定存是保證回本的投資方法之一。在定存利息只剩1%左右的時代，雖然可以保證回收本金，但也拿不回什麼利息。在這種情況下，房貸3%的利息確實是一筆不小的支出。

償還貸款才是最有利的投資標的

	利率	本金	備註
償還貸款	3%左右	貸款餘額確實減少，代表這個投資保證回本（獲利）	
定期存款	1%左右	保證回本	
投資信託產品	平均5%	不保證回本	會收取1.5%的手續費，所以實際利率利於4%

※ 圖表中舉例為日本利率，台灣的利率情況以各銀行公布為準。

　　反之，如果你能找到一個可以保證回本，又能獲得高於3%獲利的投資標的，那就可以不用著急償還貸款，先將錢用作投資比較好。不過，這樣的標的恐怕很難找。

　　雖然我說了這麼多，可能還是有人覺得：「我雖然有貸款，可是還是想做投資。」或許也有很多人認為：「如果要等到把房貸還完，那就永遠沒機會投資了。」這些人與其說是想做投資，不如說是想賭一把吧，如果你這麼想試試賭運，不如去買幾張彩券就好。

　　或者你可以考慮先把沒還完貸款的房子賣掉，先將房貸還清再去投資也未嘗不可。說了這麼多，就是想強調，優先償還貸款才是應該最先解決的問題。

　　即使覺得很厭煩，也應該優先償還貸款。在不景氣的時代，需要有這樣的忍耐力。

用投資報酬率判斷是否投資

順道一提，這個「優先償還」的理論，並不適用於日本經濟高度成長期到泡沫經濟的時期。因為這個時期股價和房價都飛漲，那時候的投資獲利，現在回想起來真是高到不可思議。比起先還貸款和少付利息，優先拿錢去投資高獲利的標的，會是更好的選擇。

但是泡沫經濟崩潰之後，正如現在大家所熟知的那樣，不會再出現那樣夢幻的投資標的。2000年前後曾有過IT產業泡沫經濟，不過規模不大，而且很快就消失了。如今我們已無法期待那樣長期的經濟高度成長再現，同理，也不大可能會出現長期且高獲利的投資標的了。

不動產業也產生了典範轉移的大轉變。在泡沫經濟時期，因為

投資不動產的兩種收益模式

	報酬率	變成呆帳的情況
房價飆漲帶來的賣房獲利	難以預測	如果房價暴跌，導致瞬間變成呆帳
投資報酬率	一般穩定在一年5%～10%	可以預見獲利，因此不容易變成呆帳

預期**土地價值飆升所產生的銷售利益**，很多人根本不急於償還房貸，甚至還不斷將不動產拿來擔保，從銀行貸更多的錢買房。這類房地產在泡沫經濟崩潰之後，大多由於無法償還貸款而變成呆帳。

現在，房地產投資重視的是**投資報酬率**了。大家會計算相對於投入的金額，收回的房租能產生多少利益，再根據這利益的高低，判斷是否要進行投資。

泡沫經濟之後，連取得收益的方式也發生了變化。

這個話題跟第三章〈家庭收支管理秘訣〉的內容有所關聯。前文中提到，若想要展開新的投資，就需要壓縮資產與負債，減輕負擔。企業會不時地調整資產負債表，在管理家庭收支時，這個工作同樣必要。

而且這也會影響到收益方式。買房然後期待未來能盡量以高價賣出，這完全是泡沫經濟時期的思維方式，這種思維方式無法計算出投資的報酬率。

相對於投資金額，期待產生多少收益？這就是ROI（Return　on
Investment，投資報酬率）。我們應該根據投資報酬率的高低，來
判斷是否應該投資。

學習巴菲特做長期投資

前文中提到我們要有優先償還貸款的忍耐力，接下來再談另一個需要忍耐力的投資，那就是長期投資。

世界富豪巴菲特（Warren Buffett），就是靠股票投資建立起自己的財富帝國，他致富的秘訣就是長期投資。

例如，可口可樂公司曾因某件醜聞股票大跌，此時巴菲特便毫不猶豫傾其財產購入了可口可樂的股票。隨後可口可樂公司業績回復，股價也逐步恢復到以往的水準，巴菲特獲得了巨大獲利。隨後他在股價下跌時又不斷買入股票，最終成了可口可樂的大股東。

企業曝出醜聞，大家就會拋售持股，而那時巴菲特卻反其道而行之，大量購入股票。這是為什麼呢？這是因為巴菲特關注的是企

業的**基本面**（Fundamentals）。

即使某些問題導致暫時性的股價下跌，但企業價值並沒有發生急劇的變化。可口可樂公司生產風靡全球的可口可樂，這個品牌價值不是輕易就能撼動的。巴菲特所做的就是看準時機，當股價低於本質價值時出手購買。

巴菲特所採取的投資方式，稱為長期投資。

很多人可能有些誤會，以為長期投資肯定比短期投資風險小，其實也不盡然。我們可以這樣想，因為你長期持股，所以跟短期持股比起來，股價變動的幅度或許更大，風險會更大一些。如果你持有股票的企業長期處於經營慘澹狀態，那你的損失肯定很大。長期投資並不等於安全。

巴菲特的長期投資，也並不是隨意選定某個企業並長期持有它的股份。重要的是，對你熟悉的產業進行長期投資。

因為是你熟悉的產業，你才能夠比較準確地預測出這個企業長期發展會有怎樣的成就。即使短期內有價格波動，只要你了解企業的長期走勢就不會感到不安。短期的股價下跌，反而是增加持股的

長期投資與短期投資

	期間	趨勢	重要的指標種類	特色
長期投資	長	不易受短期波動影響，受長期走勢影響	基礎面	如果能夠了解長期走勢，就不會受短期走勢影響，風險小。但如果對長期走勢誤判，傷害會比較大。
短期投資	短	受短期走勢影響，不易受長期走勢影響。	技術面	易受短期走勢影響，投機色彩更濃。

好時機。

長期投資熟悉的產業，風險會比短期投資小。跟你熟悉的產業長久交往下去吧——這就是巴菲特告訴我們的道理。

事實上巴菲特從不投資自己不熟悉的產業。例如，大家都知道他從來不投資資訊科技業。因為巴菲特本人並不具備資訊專業知識，無法對其長期發展做出準確預測。

對不熟悉的產業做長期投資，最終會導致風險變高。因此長期投資並不等於絕對安全。

投資不分散，但資產要分散

　　巴菲特的這種投資方法，完全背離被視為投資常識的分散投資法。他的方法非但不是分散投資，反而是超集中投資。如果巴菲特選擇的是分散投資的話，他是否還能建立如此龐大的財富帝國，就很難說了。

　　俗話說，不要把所有雞蛋放在同一個籃子裡。誠然，把雞蛋分散在幾個籃子的話，即使有一個籃子掉在地上，也不至於損失所有的雞蛋。但是籃子太多，管理起來也會變得麻煩。

　　此外，雖然把錢投資到好幾個籃子裡風險也會隨之分散，但最終獲利也會跟著分散。而且過於分散，反而很難判斷相對於風險的獲利是否合理，一切都會「黑箱化」。

分散投資與集中投資

	風險	獲利	獲利相對於風險的合理性
分散投資	可減少風險	獲利相對較低	難以了解，難以看清處是否對應
集中投資	風險比分散投資高	獲利比分散投資高	容易看清楚

投資與資產最理想的運用方法

	運作方法	檢視重點	所需條件
投資	集中	風險與獲利的合理性	對投資標的具備深入的專業知識
資產	分散	以防萬一，確保資產的流動性	講求安全性的慎重度

　　為了能夠準確判斷風險與獲利是否平衡，就必須對幾個籃子都很熟悉，需要分別掌握許多領域的專業知識，但這樣非常辛苦。所以巴菲特才採取了自己的方法：**把所有雞蛋謹慎地放進同一個籃子裡，並且長期存放。**

　　但是集中投資的風險也很高，所以我想很多人也會舉棋不定。如果還是想要分散的話，那麼我建議大家不要分散投資，而是分散管理資產。

　　例如，用來投資的資產最多只占總資產的三分之一，再拿三分之一購買債券這類保證回本的金融商品，還有三分之一就留作可供

隨時挪用的現金。這是以防萬一，確保資產的流動性。

這種將資產分散管理的方法叫資產配置（Asset Allocation），也就是決定以怎樣的形式來持有資產。

投資需要看清風險與獲利的合理性，然後集中投資，而資產則要保持流動性，並且分散管理，這就是穩健理財的重點。

如果沿用雞蛋與籃子的說法，那麼分散投資就等於是把雞蛋放進每個都不安全的籃子裡，所以即使分散放進去也不會因此而變得安全。

因此我們改變做法，不要把所有雞蛋都放進一個籃子裡，而是將一部分雞蛋放進投資這個無法預測的籃子裡，剩下的雞蛋都以保證回本的資產形式，放進安全的地方。這麼樣的「分散」做法，才能真正讓自己安心。

根據市場狀況調整資產配置

資產配置並非一成不變，而是需要根據市場狀況的變化不斷調整以取得平衡。也就是根據景氣的變動，調整雞蛋的存放場所。

首先，變動最大的就是股票投資。景氣好的時候，股價迅速上漲，而景氣下滑時，股價就會瞬間暴跌。對於這種變動較大的投資商品，我們必須根據市場狀況來操作。

操作方法很簡單，就是**景氣上升時投資股票；景氣下降時賣掉變現；然後等到景氣跌落谷底時又開始上升時，再投資股票。**這麼一來，就可以低價買入，高價賣出。

在景氣不好時，可將高價變現的資產轉為投資債券。債券基本上是保證回本，風險較小，所以獲利也不會太高，但是勝在穩定，

根據市場狀況調整資產配置

	方針	股票、債券、現金的資產配置舉例
景氣復甦時	集中投資到與市場狀況連動的股市裡	9：0：1
景氣過熱，形成泡沫經濟時	從投資股票轉為持有現金	2：0：8
泡沫崩潰，景氣下滑時	改購買不易受景氣下滑影響的債券	2：6：2

讓我們在股市下跌的時候也能獲得穩定的投資獲利。將投資對象從股票轉為債券，就可以達成確實獲利的目標。

不過這個道理「說起來容易，做起來難」，實際上人們很難精準地預測泡沫經濟何時崩潰，也無法知曉景氣是否已經探底。當我們覺得景氣已經開始好轉時，有可能迎來的是再次觸底。不過，了解資產配置的原則並加以運用，和胡亂投資相比，還是會有很大的收益差距。

這點在企業也是相同。應當以怎樣的形式持有現金？這個問題

需要根據企業內部狀況和外部市場狀況才能給出最適切的答案。在經濟不景氣的時候，應當盡量儲蓄現金等流動資產；等到經濟開始復甦時，再把錢拿來投資。

這種企業的現金流動，可以透過**現金流量表**來掌握。現金流量表中，會依照**營業活動、投資活動及融資活動**這三大部分，呈現現金的變動情形。

只要看看這三部分的現金流動狀況，就能知道這家公司是如何改變資產配置，今後又將如何調整。

營業活動的現金流量體現了企業的盈利能力。這部分的現金流是負數時，這家企業的營運狀況就非常辛苦了。營業活動的現金流量必須是正數，這是企業生存的大前提。

另一方面，投資活動的現金流量就沒有「負數就是不好」。景氣上升時，企業採取積極的投資策略，其結果造成投資活動的現金流量為負數，這個負數反而是好事。

最重要的是，企業是否根據內外狀況採取了最佳的資產配置方案，將現金轉變為各種不同的資產型態。

現金流量表	（百萬日圓）
①營業活動的現金流量	
營業收入	65,210
採購原物料或產品產生	-17,561
人事費用	-9,110
……	—
營業活動的現金流量	29,017
②投資活動的現金流量	
購買有價證券	5,000
變賣有價證券	—
購買有形固定資產	-8,000
變賣有形固定資產	—
……	
投資活動的現金流量	-3,000
③融資活動的現金流量	
短期貸款	1,000
償還短期貸款	
長期貸款	
償還長期貸款	-3,985
……	
融資活動的現金流量	-2,985
④本期現金及約當現金的換算差額	0
⑤本期現金及約當現金的增加（減少）數	23,032
⑥期初現金及約當現金餘額	61,511
⑦期末現金及約當現金餘額	84,543

本業（營業活動）的現金增減

購買投資、股票等投資活動的現金增減

向銀行借款或償還等融資活動的現金增減

長期運用複利投資，
讓時間幫你賺錢

資產配置最重要的一環，是根據狀況調整資產的平衡狀態。

投資股票，只選擇自己熟悉的產業，並根據市場行情來買進賣出。這種穩健的投資方式之所以能夠帶來很好的效果，其中一個理由就是長期投資的心態。不追求短期的高獲利，雖然獲利可能比較低，透過長期運作逐漸累積資產。這也可以說是一種「讓時間幫你賺錢」的投資方法。

例如，現在有一個報酬率為10%的優良投資標的。投入100萬日圓，每年都可領取10%的利息。30年後，本金加利息會變成400萬日圓。

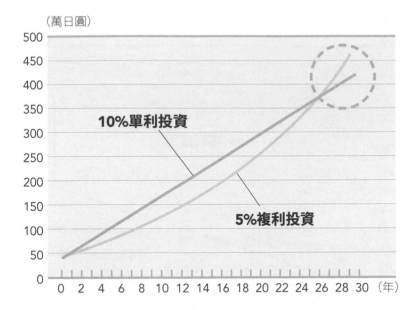

本金100萬日圓＋（100萬日圓X10%X30年）＝400萬日圓

另一方面，有一個報酬率為5%的投資標的。同樣也是投資100萬日圓，但是這個投資標的卻會將產生的投資獲利再放回本金再投資。那麼同樣是經過30年後，這邊的錢會增值到432萬日圓。

本金100萬日圓X（1.05）^{30} ＝432萬日圓

換句話說，利率5%的投資標的因為會將獲利再加入投資，其總獲利竟會超過利率10%的投資標的。

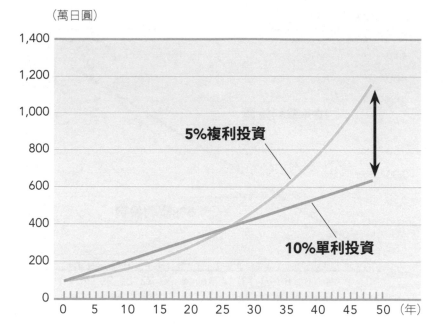

（萬日圓）

1,400

1,200

1,000

800 5%複利投資

600

400

200 10%單利投資

0
0　5　10　15　20　25　30　35　40　45　50 （年）

如果用這個方法將投資年限增加到50年的話，那麼差距就會變得更大。

報酬率10%的標的，50年後是600萬日圓；而不斷重複投資的5%的運作方式，到50年後竟能增值到1,146萬日圓。雖然後者的利率僅是前者的一半，但最終的獲利居然能產生近兩倍的資產。

像這樣，靠投資讓資產增值的原因，不在於利率的高低。還有一個與利率同樣重要的因素，那就是將運作所得獲利再加入投資的方式，也就是複利投資。

如果運用複利投資，即使利率偏低，但多年後就會獲得很高的

獲利。

　　利率低，說明風險也低。如果長期運作複利投資的話，可以降低風險，但同時又能得到高獲利。有了這個方法，以累積資產為目標的投資秘訣，就接近完成了。

擬定投資計畫，
設定目標金額與期限

　　時間越久，越顯現出複利投資的威力。投資期限如果夠長，那麼即使利率偏低，也能獲得令人滿意的成果。如此一來，當我們訂定出某個金額的資產目標，最重要的就是決定**要用多長時間來實現這個目標**。

　　如果想在10內年達到目標，那你必須做好承擔高風險的心理準備。因為不冒險就不會有如此高的獲利。而另一方面，如果將時間拉長到30年的話，或許就可以以低風險、低獲利的投資方式來實現投資目標。

　　例如，目標金額是5,000萬日圓，最初的投資額是500萬日圓，每個月從薪水中拿出5萬日圓做追加投資。

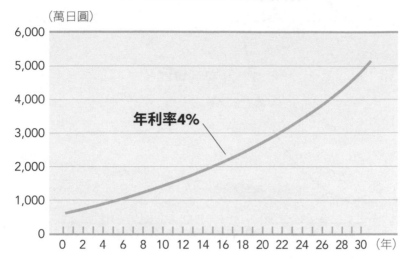

30 年達成 5,000 萬日圓目標

（萬日圓）

圖中標示：年利率4%

目標金額：5,000萬日圓

初期投資額：500萬日圓

每月追加額：5萬日圓

　　這樣計算下來，如果想在30年後將資產增值到5,000萬日圓，則只要投資利率為4%的標的即可。以投資信託的平均報酬率是5%來看，這樣的目標非常可行。

　　另一方面，如果我們想用10年的時間來實現這目標的話，又會是怎樣的情況呢？那就必須要投資報酬率高達20%以上的標的，才有可能實現這個目標。要能連續10年都有如此高報酬率的投資，應

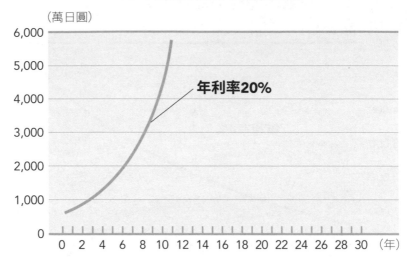

10 年達成 5,000 萬日圓目標

(萬日圓)

年利率20%

該相當困難。此外，你還必須有面對極高風險的覺悟。

不能只是嘴裡說著「我要變成有錢人」，然後大做白日夢，而是應該確定具體金額目標，然後思考要怎樣做才能實現這一目標。如此一來，我們就能**具體地看到，為了實現目標必須承擔多少風險。**

利用複利計算網站

　　像這樣的複利計算，用普通的計算機很難算出來。需要使用特殊的計算機，或者去上商學院才能學會。

　　在這裡，推薦大家可以利用線上的複利計算網站*14。只要在網頁上輸入目標金額、年限以及年利率，就能自動幫你計算出每月需要追加的投資金額了。

　　例如，期限為10年每年2%的年利率，目標金額輸入1,000萬日圓，它就能計算出每月需要追加投入7萬4,613日圓。

　　如果你還需要更複雜的計算，有的網站也提供更複雜的計算表。不僅可以計算出若要達到目標金額，你每月需要追加存入多少錢；還能計算出如果每月存入某個固定金額，幾十年後會得到多少

錢；或是計算如果想在某個時間內實現目標金額，需要投資多少年利率的標的才能實現。

　　看到這些確切的數字，也就多了真實感。提到5,000萬日圓可能你還沒有什麼感覺，但如果可以精算出每個月應該儲存投資多少錢，那就可以很真實地感受到，你的投資計畫是有效可行的。

14 在台灣，只要以「複利計算」「複利計算器」等關鍵字在網路搜尋，就可找到許多提供試算的網站，可再互相比較其功能及公式。

將主業利益作為保留盈餘

在說明複利計算的時候，我們設定了每月追加投資的資金。這種追加投資的方式，威力相當強大。

下頁的圖表將三種情況做了對比，結果一目瞭然。

如果像這樣，每個月投入的資金不同，最後產生的資產金額就會截然不同。由此可知，**在讓錢確實賺錢的同時，再持續追加投資金額是非常重要的**。領到薪水後不是花光，而要讓錢留下來用做投資，這是創造資產的一大原則。

對企業來說，每個月追加投資的資金，就等於**把本業賺取的利益，作為保留盈利留下來**。再將這些錢拿去投資，就能預期獲得更多的利益。只有確實地靠主業賺到資金，才能實現這種投資活動。

1

每月追加投資金額為零

初期投資額	500 萬日圓
每月追加金額	0 萬日圓
投資期限	30 年
利率	4%

1,622 萬日圓

2

每月追加投資金額為 5 萬日圓

初期投資額	500 萬日圓
每月追加金額	5 萬日圓
投資期限	30 年
利率	4%

5,126 萬日圓

3

每月追加投資金額為 10 萬日圓

初期投資額	500 萬日圓
每月追加金額	10 萬日圓
投資期限	30 年
利率	4%

8,597 萬日圓

　　泡沫經濟時期，有很多企業投入過多與本業完全無關的投資，結果就開始疏忽本業。等到泡沫經濟崩潰後，企業的經營也走投無路。這是因為過度投入金錢遊戲，而主業就完全荒廢，所以泡沫經濟一旦崩潰，主業也跟著一起轟然坍塌。

　　為了避免這種悲劇的發生，我們就需要認真地依靠主業獲取資金。將主業帶來的利益保留在企業內部拿去做再投資。個人也是一樣，薪水就是個人的營業收入，也需要保留下來。

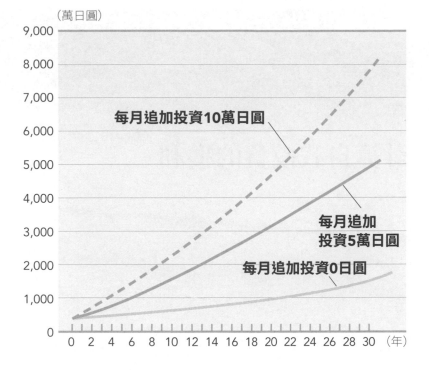

計算自我投資的獲利

在這裡。我們要將投資秘訣與聰明家計簿確實連結在一起。聰明家計簿以資產負債表為基礎，不會逐一計算收支，而是將最終的餘額當作保留盈餘。而這個保留盈餘被保留在內部，用於再投資，而再投資的驚人效果，我們在前面的介紹中也有目共睹。重視保留盈餘，與將這些錢用於再投資，其實是互為表裡的關係。

如果這些保留盈餘的積累投資效果很好，那麼也應該有一種方法可以讓我們「擁有賺錢的能力」，不斷積累更多的保留盈餘。這就是**「自我投資」**。

看書學習、考取證照、報名商學院進修……我們可以透過這些方式提高自身價值，以期在本業上獲利，這是為了增加本業收入的

一種投資。如果以企業來說，就等同修建新的工廠、提高生產力或投入研究經費、研發新技術等等。

如果用會計思維加以重新審視自我投資，就能發現一個很好的判斷標準。

例如，想去國外念MBA，如果用〈支出控制秘訣〉一章中介紹過的機會成本來考慮，投資金額就如下圖所示。

學費：800 萬日圓
機會成本：1,200 萬日圓（年薪 600 萬日圓 X2 年）

合計 2,000 萬日圓

※ 留學時的生活費假設與在日本的生活費相同，所以不在計算之內。

首先應該考慮的，就是未來需要多少時間才能收回這些成本。假設取得MBA學位能夠獲得的效果長達20年，那麼這20年能否回收2,000萬日圓呢？只需要簡單的除法就能知道答案：

2,000萬日圓÷20年＝100萬日圓

　　如果年收能因此增加100萬日圓，那麼20年就能回收成本。

　　既然是自我投資，那麼也要獲得一定程度的獲利。當你在猶豫是否要進行自我投資的時候，可以用這種會計思維檢視，很快就能有答案了。

將未來的獲利換算為現值，做出適當判斷

　　但是在計算獲利時，還有一個不得不考慮的因素，那就是投資收益。

　　如果2,000萬日圓沒有用作留學，而是將這筆資金用於其他的投資，結果又會如何呢？應該能獲得一筆不錯的投資收益吧。

　　如果將這類投資收益一併考慮在內，那麼20年後賺到的100萬日圓，和現在手中的100萬日圓，價值肯定不一樣。現在的100萬日圓，假設以4%利率做投資，在20年後就是219萬日圓，金額比現在翻了一倍多。

　　反之，20年後的100萬日圓，放到現在也只有46萬日圓左右，因為，如果現在將46萬日圓按每年4%的利率來投資，20年後差不多

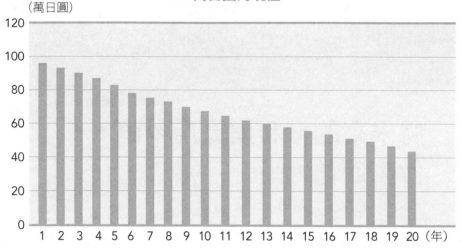

100 萬日圓的現值

（萬日圓）

就是100萬日圓。

　　這樣的比較可能很難馬上消化，不過如果要你比較看看，20年後拿到100萬日圓，和現在馬上能拿到100萬日圓，你會選哪個呢？任誰都會選現在馬上拿到手吧。如果將問題換成數字來表達的話，20年後的100萬日圓，等於現在的46萬日圓。

　　對於遙遠的將來才能獲得的收益，我們必須像這樣將時間因素也一併考慮，推算出價值會縮水多少。

　　像這樣，將未來的收益搭配利率計算，反推得出的現在的價值，我們稱之為**現值**。現在將前面提到的年收入再加上多增加的100萬日圓，重新計算成現值，會計算結果是1,359萬日圓，很遺憾，距離投資金額的2,000萬日圓還相差甚遠。

那麼想要達到現值的2,000萬日圓，每年需要多少獲利才能達到呢？同樣以20年計算，得出每年需要獲利148萬日圓才能回本。

於是，現在花上2,000萬日圓進行的自我投資，如果想在20年後收回成本，則每年需要獲利148萬日圓，才能實現目標。

當然，實際上的職業生涯並沒有這麼單純。商學院畢業後，有人馬上就能成功換了工作，年收入也水漲船高；但也有人短期內沒有太大變動，而是幾年後忽然有了飛躍式的發展。如果將投資回收期限定為20年，那麼20年後你也成為管理階層，你在讀MBA時積累的人脈或許也會助你一臂之力。

只是在數字上，**將來的收益，如果不去考量投資收益並重新換算為現值的話，會很難做出正確的判斷。**

貨幣價值與現值的差距 （萬日圓）

年數	貨幣價值	現值	年數	貨幣價值	現值
1	148	142.3	11	148	96.1
2	148	136.8	12	148	92.4
3	148	131.6	13	148	88.9
4	148	126.5	14	148	85.5
5	148	121.6	15	148	82.2
6	148	117.0	16	148	79.0
7	148	112.5	17	148	76.0
8	148	108.1	18	148	73.1
9	148	104.0	19	148	70.2
10	148	100.0	20	148	67.5
			合計	2,960	2,011.4

小額的自我投資換來豐碩的果實

讀到這裡大家已經大概清楚，在包含機會成本的情況下，投資2,000萬日圓去念MBA，其實是不容易回本的一項大規模投資。

在實際的企業營運上，這類大型投資專案同樣風險很大。由於難以保證未來長期的營業額，所以如此重要的經營判斷，必須再三考量之後才能做出決定。

此外，即使預測「未來的營業額會大幅提升」，就如同前文所述，當我們用現值計算，就會發現其實也並不是多好的收益。

從會計的角度來看，與其孤注一擲地投入危險的投資，更重要的是**從公司內部存留下來的盈餘挪出投資金額，建立一個健全的投資循環。**

回到個人的自我投資。如果想提升英語能力，與其立刻花一大筆錢去上英語會話課，不如先多試試看花費沒那麼高的管道。關於商業理財的進修也是，先從雜誌或書籍中獲取知識，在這過程中，再選擇對自己有效果的方式持續進行下去。

　　雖然這種做法看似很普通，但正如前面討論過的那樣，長時間的累積最終會帶來極大的回報。重要的是，**自我投資也需要靠時間累積才會有成果**。

　　每天一點一滴地積累，這種積累不是一兩天就能見效的；然而經過了一個月、一年、三年之後，就會累積成豐碩的成果。

　　我對此深有感觸。從我步入社會開始工作至今，已經邁入第12個年頭。這些年來我寫了各式各樣的企畫書，加起來大概有幾百篇。雖然我對自己培養出來的寫作技巧並沒有自覺，但有一天，我隨手寫出的企畫書，被別人稱讚寫得清晰易懂。

　　過去，我總會在要動筆之前鼓勵自己：「一定要寫出好的企畫書來！」然而如今的我，說起來有點不好意思，寫企畫就跟吃飯一樣簡單，全是信手拈來（笑）。而且品質也比從前好很多。

不僅如此，我的寫作能力也提升許多。我本來不是很擅長寫作，每次寫文章都會陷入苦戰。不過，在寫完幾本書之後，也不知不覺掌握了寫作技巧。現在，原稿用紙5頁左右的文章立刻就可以寫出來。

寫一本商業書，要寫到300到350頁的原稿紙，包括這本書在內，我已經寫了9本書。如此算來，我已經寫了大約3,000張原稿紙的文章了！正是這樣的累積，讓我獲得了寫作能力的成果。

在網路時代，獲取資訊非常簡單容易，如果只是搜索資訊，相信幾乎所有人都辦得到。但是，如果你想跟別人拉開差距，那麼如何將獲取的資訊再靠自己的能力重新輸出，就變得非常重要。不過，這種輸出能力也不是一朝一夕就可以學會的。我們只能憑藉著在空白的原稿紙上腳踏實地地耕耘（準確來說應該是1KB、1KB地在Word上打字）才能獲得。

像MBA這種大規模的自我投資自然也很重要，我自己也是從商學院畢業後，才大大開拓了自己的人生。

不過另一方面，每天看似平凡的例行工作、業務與任務，也是重要的自我投資。尤其是與資訊輸出相關的工作，只有靠一步一腳印地積累，才能獲得回報。**正因為是無法一蹴而就的技能，所以才如此珍貴。**

獲利與時間

在這一章，我們從如何對應風險高低獲取合理的獲利開始說起，提到長期投資的重要性，以及資產配置和現金流量，最後介紹了隨著時間變化而改變的價值，也就是現值的觀念。

綜合以上觀念來看，所謂的投資，其實就是**判斷如何在時間與風險之間取得平衡。**

如果你打算放長線釣大魚，那麼你不用去冒很大的風險。即便是最後提及的自我投資，更可以從日常的工作中慢慢地獲得獲利。

反之，如果你想在短期內獲利，那麼你就必須尋找高風險、高獲利的投資商品。自我投資也是如此，像商學院那種短期密集型的技能提升，就必須承擔相應的風險。

我發現，在考慮時間與風險的平衡時，很多人會在不知不覺之間，被高風險、高獲利的投資給吸引。「多多讓時間來幫你的忙」這句話或許正是本章最重要的秘訣。

　　許多人都想成為有錢人。但是你到底想在何時真正成為有錢人呢？事實上，設定時間軸是很重要的。如果時間軸確定，就能做出這樣的判斷：「現在或許手頭不太寬裕，但我可以忍耐。」

　　自我投資也是如此。想在幾歲時達到自己的高峰？如果訂在30歲的話，那你需要抓緊時間；但如果你將之訂在45歲之後、55歲之前呢？我想你的判斷就會變成「即使繞了些遠路也無所謂，重要的是不斷積累好的經驗」。

　　對於職業生涯，我將事業高峰設定在人生的後半段。現在的狀態只是到達巔峰之前的攀爬過程而已。我的想法是與時間為伍，認真累積，等登到了頂峰時，才能更好地發揮自己應有的價值。

　　在每個人都汲汲營營，於洪流中隨波逐流的時代。正因如此，**掌握會計知識，才能讓我們立足長遠，展望人生，才能不驕不躁，信步而行。**

第六章

企業分析
秘訣

6

決定企業運作的三大會計循環

從基於資產負債表的〈家計簿管理秘訣〉到〈支出控制秘訣〉再到〈投資秘訣〉，到此為止，本書也將這些會計上的循環都講解了一遍。雖然前面是以家庭收支為例說明，但其實對企業而言，這些循環也是一樣的。

企業是利用資本與負債的方式取得資金，並將這些資金轉變為設備等固定資產，或商品原料等流動資產，然後轉變成營業收入。從營業收入中減去費用就是當期的稅後淨利，這些稅後淨利成為保留盈餘被計入資產負債表當中。這過程中存在著以下三個循環。

①進貨循環

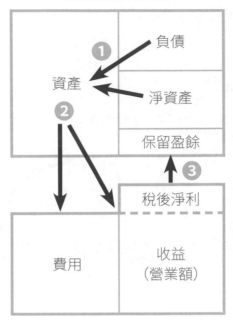

企業的會計流程

②銷售循環

③設備投資循環

　　首先是進貨循環。不購入商品的話，也就沒辦法開始做生意。商品銷售出去後成為營業收入而被計入銷售循環中。最後一個循環，便是將所得利益再投資到設備，形成最終的設備投資循環。

　　這三個循環像互相咬合的齒輪一樣，無論缺少哪一個，企業都無法順利運轉。

然後，如果從本章將介紹的「企業分析」觀點出發，檢查這三

個齒輪是否正常運轉就非常重要了。

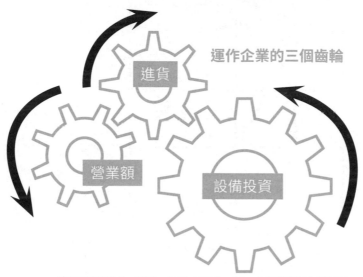

運作企業的三個齒輪

進貨

營業額

設備投資

這三個齒輪缺一不可，無論少了哪一個，企業都無法經營下去。

和銷售循環及進貨循環相比，設備投資的循環較為緩慢。

檢查進貨循環與
銷售循環的間隔時間

首先看一下三大循環中的進貨循環。

進貨時，先是發出訂單，然後收貨，等待對方請款，最後是支付貨款。一般來說，企業不會接到請款就立即付款，而是過一段時間之後再支付貨款。

有些公司會採取「月底結帳，次月月底付款」的方式，這是指當月的請款一併集中到最後一天，等到下個月的月底再統一付款。請款日到付款日的這段時間叫作**付款期限**，如果是30天後的付款，則付款期限就是30天。

銷售循環要稍微複雜一些，分為兩部分，一部分是從買進材料、製造、庫存到最後銷售的循環，稱為銷售循環；以及將貨款收

回的循環，叫作收款循環。

　　將這兩大循環重疊後可以發現，進貨的付款時間與銷售的收款時間，其實是有時間差的，為了調整這差距，公司就必須備有營運資金。進貨循環和銷售循環這兩大齒輪之間若無法順利咬合，就需要靠營運資金這個潤滑油來調整。

　　這個時間間隔越長，企業就需要準備更多的**營運資金**。相反，如果時間越短，則準備的營運資金就可以少一點。藉由盡快收回貨款，並且盡量延後支付進貨貨款，就可以將這一時間間隔縮短。

　　公司營運時，首先就必須掌握銷售循環和進貨循環之間的時間間隔有多大。這個時間間隔，因產業不同差別也會很大，該產業的銷售循環特性尤其會大大影響這個差距。

　　例如製造業，因為採購材料後還需要製造的時間，所以銷售循環的週期就比較長。支付材料費後，還需要經過製造、倉庫保存、銷售等過程。製造業需要經過如此多的步驟，才能獲得營業收入。如此一來，兩大循環之間的時間差距當然會很大，因此也需要大量的營運資金來完成潤滑油的使命。「營運資金是否充足」便是公司營運時的檢查重點。

　　但即使同為製造業，電腦製造商戴爾（Dell）卻大不相同。戴爾的做法是從消費者手中先收取訂金後，訂單才成立並且開始生產，這種模式的好處是，可以掌握確定的客戶，公司的營運資金也

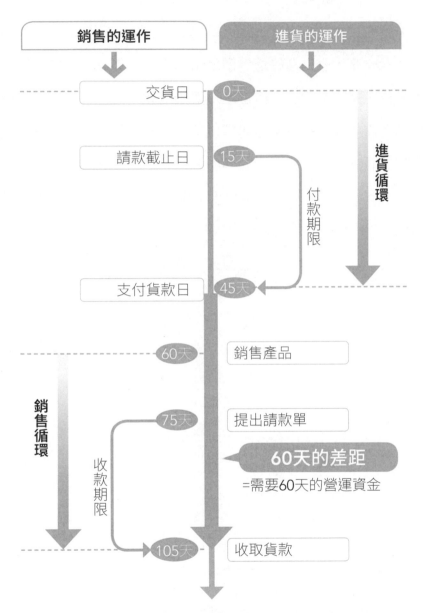

就算收款期限和付款期限一樣是30天，但產品進貨到銷售的這段時間內，也需要營運資金。此外，如果是製造業，還要加上製造、流通的時間，所以時間差距會更大。

不用太多，從會計角度來說，是非常好的機制。

另一方面，服務業跟製造業就又不相同。它不需要製造和庫存。如此一來，服務業的銷售循環週期必然會更短，和進貨循環之間的時間差距也會更小。換言之，與製造業相比，服務業可以用較少的營運資金來支撐企業的運轉。不僅如此，如果是直接跟消費者收取現金的情況，時間差距就會更小。現金交易的優勢就在於此。

因為產業不同，兩大循環時間間隔各不相同，便是這兩大循環的特點之一。

活用付款期限，創造利益

如果銷售循環和進貨循環之間的時間差距太大，就會對企業的穩定經營造成影響。為了避免這種局面，很多公司會把腦筋動在進貨循環上。

比如我以前任職的廣告界，付款期限就很長，一般是120天到150天。原因之一是業主的付款期限條件各不相同，為了確保無論哪家業主、怎樣的付款期限都不會發生問題，所以付款期限抓得比較長。由於付款期限很長，所以廣告公司即使完成廣告按時交出廣告作品給業主，與廣告公司合作的製作廠商，想要拿到製作費用，也是要等到四五個月之後了。

但是製作公司卻還是要每月付薪水給員工，所以經營起來很辛

苦。從會計作業上，製作公司必須確保備有廣告公司付款前的四五個月以上的固定費用，以作為營運資金，才能確保公司正常運轉。

　　製作公司因為在與廣告公司的合作關係中，比較居於劣勢，所以面對這種不利的支付條件，大多也只能含淚接受。不過，還是有一些製作公司無法等待那麼長的付款時間，會要求提前付款。但是在這種情況下，製作費會先扣除這段時間的利息*15才支付。例如請款金額是1,500萬日圓，但實際收到的只有1,490萬日圓。

　　反過來，有時業主會接受這樣的提議，把原本40天的付款期限縮短為10天，並相對地也要求在價格上提供一些優惠。這類業主一般從事的是現金交易的業務，所以現金十分充足，所以沒有延遲付款的必要。在這種情況下，業主也還是會提出扣除利息的要求。當然業主也有可能不接受提前付款的提案，畢竟「時間就是金錢」。由此可知，如果銷售循環正常運轉，也是有方法縮短進貨循環以降低成本。

　　很多大企業就是以更大的資金進行這種金融操作。我們經常可聽到令人不解的說法：「大企業就算是以100日圓採購，99日圓賣出去，也同樣能賺到錢」。按照正常的減法來算，肯定是會損失1日圓的，不過由於大企業卻可以透過縮短銷售循環週期，延長進貨循環週期，從中獲取利益。

　　以會計視角來重新審視企業，其實說的就是要這樣觀察進貨循

環和銷售循環，**將其中的時間差異和風險，替換成營運資金和利**

率，以掌控企業的運作狀況。

15 以融資期限 1 年以下的短期優惠利率為基礎計算。日本近年來的優惠利
率在 1.5% ～ 2.0% 之間。

企業營運狀態不佳
會首先反映在銷售循環上

接下來，要進入企業分析的部分了。接下來將以年報為基礎，對企業的狀況一探究竟。**企業狀態好還是不好，會最先呈現在銷售循環上。**

企業的收益，是來自成功地讓消費者購買其商品或服務。如果是製造業，那麼當產品滯銷，從製造到銷售的期間就會延長，就會累積很多庫存。而反映這一狀況的指標，就是**存貨週轉天數**。

根據這個指標，可以知道從進貨到銷售之間的庫存時間。當庫存不斷增加，表示企業的銷售業績也很有可能持續惡化。

看到這種徵兆後，企業經營者就會調整生產線以壓縮庫存。經常被拿來討論的，就是2008年金融海嘯時，鈴木汽車率先察覺到

景氣將會衰退的徵兆，並迅速果決地做出因應。也就是縮小製造規模，盡量防止銷售循環週期變長。而其他太晚做出判斷的汽車廠商，不僅庫存不斷累積，存貨週轉天數也拉長，結果，連最重要的營運資金都被庫存套牢。

存貨週轉天數

$$\frac{\text{成品（商品）}}{\text{營業額（年）}} \times 365\text{（天）} = \text{成品（商品）週轉天數（天）}$$

進貨循環產生變化是黃燈警告

當企業經營狀況持續惡化時，通常還會進行進貨循環的改善。企業會與外包廠商或進貨廠商交涉，協商是否能延遲付款期限。如此一來，應付帳款就會越來越多。從這裡也可以看出企業狀態變差的徵兆。

這時用來做為參考的指標是**應付帳款週轉天數**。

應付帳款週轉天數

$$\frac{應付帳款}{營業額（年）} \times 365（天）＝應付帳款週轉天數（天）$$

這個指標可以算出，如要支付應付帳款，需要多少天的營業額。例如，有1,500萬日圓的應付帳款，一年的營業收入是3億日圓，那麼計算算式如下：

15,000,000÷300,000,000X365＝18.25 天

也就是說，18.25天的營業收入就能支付應付帳款。

到底多少天才是最適當，因為銷售循環與產業別的特性不同，具體數字也會不盡相同，無法一概而論。但是如果這個天數開始變得越來越長，就有點奇怪了。

當然也有情況是企業把握了商機，大量採購商品，這時也會導致應付帳款週轉天數變長。但若是這種情況，算式中分母的營業額數值也會增加，過一陣子後，應付帳款週轉天數就會慢慢回到正常數值。

如果在沒有特別原因的情況下，企業的應付帳款週轉天數越來越長，那麼我們就可以懷疑，這個企業是否出現了什麼問題。

應收帳款不斷變化的企業有問題

　　如果業績繼續惡化，逐漸就會在銷售的回收循環上出現問題。這時我們使用的檢視指標就是**應收帳款週轉天數**。

　　這個指標反映的是應收帳款相當等於幾天的營業額。如果這個天數變長，那就說明營業額的回收循環週期也變長了。

　　當這個指標變長，一般認為可能發生以下三種情況。

應收帳款週轉天數

$$\frac{應付帳款}{營業額（年）} \times 365（天）＝應收帳款週轉天數（天）$$

第一，決算期末時大量產生的營業額。短時間內應收帳款會大幅增加，但等到收款後就會回歸正常，不會有任何問題。

有問題的是以下兩種情況。一個是應收帳款無法收回。這種情況已經不是應收帳款，而該列入倒帳損失，不過公司為了隱瞞虧損，而繼續將應收帳款掛在帳上，這就是所謂的**呆帳**。

最後一種是最惡劣的行為，也就是**虛增營業額**。只要有應收帳款的名目，即使沒有現金流動，也會被記到帳上，所以只要沒有公開實際的交易內容，就不會被外部發現。

透過觀察應收帳款的金額變動，就可看穿這種不正當的把戲。因為虛增的營業額不會有實際付款的行為，所以應收帳款就會以一種不自然的方式累積。而會計師事務所會特別注意的還有一個重點，就是叫作**循環交易**的手法。也就是幾家公司相互下單，然後提高營業額，是粉飾報表的常用手段。即使實際上沒有產品或現金流動，也能透過操作應收帳款來讓公司業績變得漂亮。

有些產業不需要簽訂明確的買賣合約就可以下單，我曾經任職過的廣告界就是這樣。一通電話就拿到數億日圓訂單的情況也並不

罕見，但是是否真的有下單，第三者並無從得知。一般在這樣的產業，只要業務負責人回報說「賣出了」，會計就會列入營業額裡。因此也讓應收帳款的可信度不斷刷新底線。

由此可知，**一間公司如果應收帳款出現較大的變化，那麼很有可能已經體質出問題了。**

不能相信流動比率

談及企業分析，很多人都認為就是觀察某個數值，藉以判斷企業經營得是好是壞。但是這種做法是沒有掌握企業的真實狀態所做出的判斷。

舉個例子，如果只看射門次數和助攻次數來判斷足球選手的水準，卻根本不了解這個選手擅長怎樣的踢法、在團隊中扮演什麼樣的角色的話，很難組織起一支像樣的足球隊。

經營一個企業，其組織人數之多是足球隊遠遠無法比擬的，其營運也更加複雜。因此僅靠數字來判斷是非常危險的做法。

例如，有人認為只看**流動比率**這個指標，就能一定程度地掌握一個企業的狀況。但事實果真如此嗎？

所謂的流動比率，指的是流動資產除以短期負債，看的是企業的流動資產，是否能夠支付短期負債。

$$\frac{流動資產}{短期負債} \times 100\% = 流動比率（\%）$$

如果這個數字小於100%，那就說明企業無法支付短期負債。這類企業在近期內很有可能發生資金短缺的情況。

這樣看來，似乎這個指標還是有點用處的，然而實際上這個指標本身有著很大的問題。

首先是應收帳款的問題。應收帳款就算有些問題，一般也會列為流動資產。倘若這個應收帳款正常，自然不會出問題，但如果應收帳款中有呆帳或虛增營業額的話，是否還可以保證計算出來的流動比率沒問題？

靠流動比率的數字判斷有個前提，那就是應收帳款中不存在那些有問題的帳款。如果完全只依賴流動比率判斷，就很有可能會把一個進行不正常會計作業的企業誤判為「正常」的企業，這是很危險的。

流動比率還有一個缺點，那就是流動資產中還包含了尚未銷售的成品和半成品。如果這些商品都能夠以訂價出售的話，那麼就可

以相信這個流動比率。可是現在已經不是產品製造出來就一定都能銷售出去的時代，這些產品是否擁有相對應的價值，就算是再優秀的會計師事務所也很難做出判斷。

由此可知，只靠觀察流動比率，並無法看清企業營運的真實狀況。另外，**自有資本比率**也是，只看這項指標也很容易產生誤判。

$$\frac{自有資本}{總資本} \times 100\% = 自有資本比率（\%）$$

自有資本比率越高，說明企業主要是依靠自己的資金，而非依靠借錢經營。借款少自然借款所產生的利息也少，表示企業經營得相對穩健。因此，一般都認為自有資本比率越高越好。不過在分析個別企業時，僅靠這種一般理論是非常不夠的。因為企業可以透過虛增利益或虛增資本等方法操作自有資本，改變自有資本比率。

除此之外，還有各種利用指數來分析企業的方法。若是上市公司，那麼這些指標的確多少有些參考價值。然而，如果不看企業的實際情況，你還是讀不到數字裡所隱含的事實。就這個意義來說，現在廣為流傳的分析手法，大多數都只是毫無幫助的紙上談兵或數字遊戲。

如果想要讓這些數字發揮作用，就需要把這些零散的數字重新組合排列，讓它們建構出企業的真實狀態。就像把拼圖拼成一幅畫一樣，只有將這些數字組合在一起，企業的真實狀態才會浮出水面。這正是本章中所說的方法——將三大循環視為相互咬合的齒輪組合，才能理解企業的經營狀況究竟如何。

　　世上並沒有一個值得信賴的萬能指標，可以隨時拿出來使用，所有的企業分析都必須一邊觀察真實狀況一邊做出綜合判斷，這也是就是所謂的「會計無捷徑」。

勞動分配率是無用指標

其他還有一些對會計判斷完全沒有作用的指標，比如勞動分配率。這是指企業的所得利益當中，有多少比率是作為薪資發放給勞工的。我們經常可看到有人批評，如果這個指標過低，就說明該企業在「壓榨」勞工。

尤其是人才派遣問題被聚焦時，特別容易有如此情況。在泡沫經濟崩潰後，日本經濟好不容易開始復甦，但勞動分配率卻還是很低，就有人批評企業「並未將利益分配給員工」。

但是仔細想想就能明白，就算經濟在逐漸恢復，企業立刻給員工調漲薪水，也未免有些強人所難。如果這樣，那麼當景氣下滑時，沒有將員工降薪也是對企業不公平。而實際上，金融危機爆發

後，造成全球經濟不景氣，企業的收益也在下滑。而作為分母的附加價值也會隨之減少，如此一來，計算出來的勞動分配率就會上升。也就是說，只要經濟不景氣，勞動分配率反而會上升。

當景氣復甦，分配率就下降；當景氣下滑，分配率反而上升。勞動分配率就是一個如此容易受外在環境影響的指標，對於分析公司特性時也毫無幫助。**在思考改善公司的對策時，它就顯得更加無用了。**

雖然用來批判某公司時，勞動分配率是個方便的指標，但在實務上卻完全沒有用處。產生利益的關鍵說到底還是需要倚靠銷售循環，以及伴隨著銷售循環而產生的現金流量。如果不關注在這裡，反而被其他類似指標的變動給吸引，豈不是本末倒置？

$$\frac{人事費用}{附加價值} \times 100\% = 勞動分配率（\%）$$

藉由觀察走勢，分辨危險企業

　　想要看清楚一個企業的營運狀況是否陷入危機，最重要的其實是看**走勢**。前面講過的應付帳款週轉天數和應收帳款週轉天數，也都應該跟前期做比較，確認是否出現較大的變化。

　　因企業和產業特性的不同，數字所呈現的意義也不同。例如應收帳款週轉天數，即使某公司的這個天數是其他公司的兩倍，也不能貿然地判斷這家就是「危險企業」。

　　但如果這個數字不斷在增加，那就可能有問題了，說明了企業內部肯定發生了某種重大變化。

　　明白這一道理後，大概就能知道企業的營業報告書應該看哪裡，那自然就是過去5年的走勢。

可以透過走勢看出的重點，首推營業額和利益。如果營業額下降，說明該企業的產品不再受到顧客青睞，被市場淘汰了。透過營業額的走勢，我們能夠看清企業的營運狀況與未來走向。

另一方面，利益就是該企業所提供的附加價值。當利潤減少，就說明該企業無法再產生附加價值了。可以想像這家企業為此不得削價競爭，就算少些利益也要將產品銷售出去。如果企業利益有長期減少的趨勢，那就說明這個企業的經營模式很有可能已經走到盡頭了。

如此這般，**從過去5年的走勢，也能預示未來5年的走勢**。在沒有什麼特別理由的前提下，過去的趨勢會保持到當下，並且一直延伸到未來的發展。如果產生了變化，那麼背後肯定有原因，我們只要看這個原因是否合理就可以。想弄清楚對未來預測的合理性，過去的走勢至關重要。

索尼過去 5 期的走勢表（集團整體）

年度		2004 年度	2005 年度	2006 年度	2007 年度	2008 年度
決算年月		2005 年 3 月	2006 年 3 月	2007 年 3 月	2008 年 3 月	2009 年 3 月
營業額及營業收入	百萬日圓	7,191,325	7,510,597	8,295,695	8,871,414	7,729,993
營業利益（損失）	百萬日圓	174,667	239,592	150,404	475,799	▲ 227,783
稅前淨利（損失）	百萬日圓	186,246	299,506	180,691	567,134	▲ 174,955
稅後淨利（損失）	百萬日圓	163,828	123,626	126,328	369,435	▲ 98,938
淨資產額	百萬日圓	2,870,338	3,203,852	3,370,704	3,465,089	2,964,653
總資產額	百萬日圓	9,449,100	10,607,753	11,716,362	12,552,739	12,013,511
每股淨值	日圓	2,872.21	3,200.85	3,363.77	3,453.25	2,954.25
每股盈餘（損失）	日圓	175.90	122.58	126.15	368.33	▲ 98.59
稀釋後每股盈餘（損失）	日圓	158.07	116.88	120.29	351.10	▲ 98.59
自有資本	%	30.2	30.2	28.8	17.6	24.7
自有資本收益率	%	6.2	4.1	3.8	10.8	▲ 3.1
股價收益率	倍	24.3	44.5	47.5	10.8	—
營業活動的現金流	百萬日圓	646,997	399,858	561,028	757,684	407,153
投資活動的現金流	百萬日圓	▲ 931,172	▲ 871,264	▲ 715,430	▲ 910,442	▲ 1,081,342
融資活動的現金流	百萬日圓	205,177	359,864	247,903	505,518	267,458
現金、存款及約當現金之期末餘額	百萬日圓	779,103	703,098	799,899	1,086,431	660,789
員工人數	人	151,400	158,500	163,000	180,500	171,300

從走勢就能看出這家企業營運狀況的變化。以索尼來看，2007 年度之前的營業額都保持穩定成長，但 2008 年度營業狀況就不佳，該年度員工人數也減少，說明有進行企業重組。

現金流量不會騙人

前文提到過應收帳款可以作假，不過但也有難以作假的指標，**現金流量表**就是其中之一。

現金流量表呈現的是現金這個「實體」的變化狀況，是很難作假的指標。如果用走勢來說明，我們只要看去年和今年的現金流量差額，就能想像出這個企業在過去一年內的營運狀況。

現金流量表分別從**營業活動、投資活動和融資活動**三大部分，計算統計現金的進出。

如果營業活動的現金流量數字為負數，則說明公司的本業營運狀況堪憂；如果是正數，則說明公司確實有賺錢。可以說本業的現金流量，也展現出該公司的經營實力。

至於投資活動的現金流量，一般來說反而越是優秀的企業，越容易呈現負數。這是因為公司為了確保將來的營收，會把資金投資到設備或研發上，因此現金是往外流出的。

　　融資活動的現金流量，顯示的是企業向金融機構借貸、償還所產生的現金流動。如果持續還款，則那這個數字就會變成負數；反之如果持續有新的借款，則可能會變成正數。

　　讓我們來看看前文中索尼的例子。現金流動的走勢如下圖所示：

索尼現金流量的走勢表（集團整體）

年度		2004 年度	2005 年度	2006 年度	2007 年度	2008 年度
決算年月		2005 年 3 月	2006 年 3 月	2007 年 3 月	2008 年 3 月	2009 年 3 月
營業活動的現金流	百萬日圓	646,997	399,858	561,028	757,684	407,153
投資活動的現金流	百萬日圓	▲ 931,172	▲ 871,264	▲ 715,430	▲ 910,442	▲ 1,081,342
融資活動的現金流	百萬日圓	205,177	359,864	247,903	505,518	267,458
現金、存款及約當現金之期末餘額	百萬日圓	779,103	703,098	799,899	1,086,431	660,789

從圖表中可以看出，投資活動的現金流量負擔較重，營業活動的現金流量已經無法承擔這樣的狀況，為此，可看出公司需要透過融資活動以籌措資金。

此外2008年度的期末餘額大幅縮水，營業活動的現金流量與往年相比減少了很多，而投資活動也產生了很多現金流量，結果導致來自融資活動的現金也供應不足，與上一年度相比，現金減少了4,200億日圓。

先觀察企業的走勢之後，再接著閱讀營業報告書，就可以更容易理解。索尼的營業報告書裡這樣說明：2008年度受到次級房貸引發的景氣低迷影響，為因應這一狀況，索尼編列了巨額的結構改革費用。

就像這樣，分析企業狀況時，不是單看某些數字指標，而是應該觀察整體的走勢。其中，**觀察現金流量的走勢，就能夠簡單掌握企業的實際狀況**。在此基礎上，文件部分只要再看營業報告書就可以了。

索尼的營業報告書（2008 年度）中的「事業狀況」

第 2【事業狀況】

1.【業績概要】

業績概要請參考「7財政狀況以及經營成績分析」。

2.【生產、接單以及銷售狀況】

索尼生產、銷售的產品種類極其繁多，舉凡電子設備、家用遊戲機和遊戲軟體、音樂及影像軟體等，由於其特性，原則上採取存貨生產（MTS）的方式。而索尼在電子領域中，幾乎都以保持固定的產品庫存量為前提進行生產，所以生產狀況與銷售狀況類似。因此，關於生產以及銷售狀況，在「7 財政狀況以及經營成績分析」中，與電子領域業績一起介紹。

3.【亟待解決的課題】

索尼經營團隊所了解到的經營課題以及解決方法，均如下所示。

2007年次級房貸危機爆發，引起的金融風暴給全球經濟帶來了極大衝擊，2008年入秋以後，全球經濟形勢進一步惡化，刷新最低歷史。索尼所處的事業環境也一樣，受全球景氣下滑影響，需求減少，價格戰白熱化，日圓不斷走高，日本股市慘跌，情況變得非常嚴峻。因此，2008年度的集團整體業績報表顯示，營業額和稅後淨利都是虧損。

索尼預測2009年度形勢依然嚴峻，為了適應這種嚴峻的事業環境，索尼以電子產品業務為中心，針對著眼於速度與收益性的事業結構進行了一些改革措施。作為其中的一環，電子產品業務已經採取了一些短期措施，如調整生產、壓縮庫存、刪減經費等。除此之外，還會不斷採取各種措施，例如刪減和延長投資計畫、縮小或停止沒有獲利及非策略性的業務、重組國內外的製造部門、重新配置人才、裁員等。並且還對電子產品業務以外的各項業務，也實施集團整體的結構改革，並大幅削減廣告宣傳費用、物流費用及其他各種經費。與2008年相比，索尼全集團2009年度刪減的經費，將超過3,000億日圓，目前此政策正在施行中。

對於結構改革費用，相較於2008年度的754億日圓，2009年度預估大約是1,100億日圓。此外，在設備投資方面，2008年度遠遠低於最初的計畫，最終數字是3,321億日圓。2009年度，以電子產品為主的各項業務結構改革費用將比2008年度減少25%，預計為2,500億日圓。在電子產品業務中，半導體業務將會減少對影像感測器的投資，預計將比2008年度減少450億日圓，最終投資額約為350億日圓。

此外，從2009年4月1日起，針對電子產品業務與遊戲業務，索尼將以根本改革為目的，進行組織改革。計畫將電子與遊戲兩大業務進行戰略合併，強化體制，創造出與網路相連的產品與服務。與此同時設置與軟體技術和製造、物流、原料調度相關的兩種橫向功能，連結共通的使用者介面，期待能夠低成本且高效率地將與網路相關產品和服務，呈現給顧客。

對未來的投資，設備投資循環

　　到此為止，我們介紹了銷售循環和進貨循環的變動狀況。這種變動狀況有助於我們有效地理解企業現狀，除了知道數字之外，還能在掌握企業實際狀態的同時，清楚了解其營運狀況。

　　然而另一方面，光靠這些，我們依然不能預測未來。企業的未來走向，可以透過觀察它投入多少投資資金（就算數字不正確也可供參考）來推測。

$$\frac{（固定資產＋長期投資）}{（淨資產＋長期負債）} \times 100\% ＝固定資產對長期資金比率（\%）$$

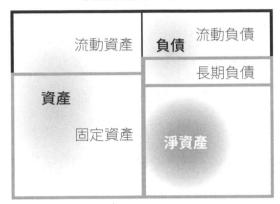

資產負債表（BS）

資產		負債	
流動資產		**負債** 流動負債	
		長期負債	
資產 固定資產		**淨資產**	

　　比如，一個企業好不容易實現了「V型復甦」，但卻不將資金投資到新產品的研發上，那麼這個企業的好轉可能也只是暫時的而已。僅靠壓縮資產與負債的會計手法，經營狀況的復甦也不會長久持續。

　　而想要了解企業的未來走向，還是得靠現金流量表。企業出售資產可用來增加投資活動的現金流量，並且償還負債，於是融資活動的現金流量會減少。這樣的現金流量本身是健全的，但倘若一直這樣抑制投資活動的金額，企業的未來發展狀況將不會太好。

　　話說回來，如果在投資活動投入過多資金，使營運資金變少，企業可能就出現經營危機。若想知道投資設備循環是否穩定運轉，

可以觀察固定資產對長期資金比率這個指標。它表示了長期借款等與設備投資間的平衡關係。

從這個指標，我們可以看出淨資產和長期負債得出的資金，有多少使用在固定資產上。如果這個數字超過100%，就表示有問題。說明淨資產和長期負債已經不能滿足固定資產的資金需求，企業必須透過更多短期的流動負債，來支付固定資產。

企業需要穩健經營，而開拓未來卻需要更積極的經營策略，為了平衡這兩種經營策略，就需要擁有長期的資金來源，以供應固定資產的資金需求。重要的是，如果無法滿足固定資產的資金需求，那麼就需要向銀行作長期貸款，或是確實運作銷售循環與進貨循環以產生利益，將保留盈餘累積為淨資產後，以此基礎再進行投資。

這麼一來，銷售循環、進貨循環、設備投資循環這三個齒輪就完成了。

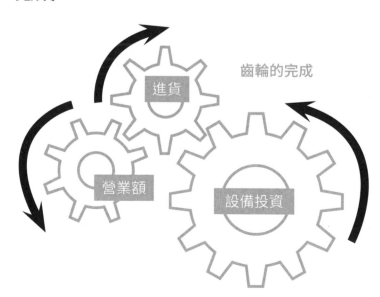

齒輪的完成

進貨

營業額

設備投資

時間感與現金流量

前文提到的各種循環都與時間關係緊密。無論是應收帳款週轉天數，還是應付帳款週轉天數，單位都是時間。由此可知，公司的經營相當受到時間因素的影響。

倘若開發進度延遲了些，回收利益的時間就會隨之延後，就會直接對固定費用造成負擔，公司也會跟著陷入危機。

在技術進步快速的行業，大型企業會去收購創投公司，而這一舉措其實也跟時間息息相關。大企業自身當然具備相應的研發能力，他們收購其他小公司實際上是一種經營技巧，為的是省下自行研發的時間。

軟體銀行（Softbank，以下簡稱軟銀）孫正義社長的「時光機

經營」方法，就是善用了時間的特性。在美國普及的服務，傳到日本需要一定的時差，孫正義就是巧妙利用這時差來製造商機。軟銀的做法，可說是把時間當作戰友的經營思路。

這種時間感不會直接出現在年報中。如果不抓住幾大循環，深入分析研究這些循環怎麼運作的話，我們很難從一堆數字中看出門道來。正因如此，我才推薦大家觀察走勢的這個秘訣。

配合時間感還必須學會的另一個秘訣，就是**關注現金流量**。

不過度輕信應收帳款等容易作假的指標，而是應該認真追蹤難以偽造的現金流量變動情況。如此我們便不會被數字矇騙，也能幫助我們更準確掌握企業的實際狀態。

第七章

四季報閱讀秘訣

7

看懂四季報，不看年報也沒關係

企業發行的投資人關係（Investor Relations，簡稱IR）資料中，有一本一年發行一次，相當厚的資料叫《營業報告書》。營業報告書包含的資訊量非常大，如果想深入調查一家企業的狀況，閱讀這本報告書也許是不錯的方法。不過，對於不具備專業知識的人而言，資訊量過大反而會讓人覺得混亂。而且遇到想比較相同產業其他企業的營運狀況時，也會因為各家報告書並沒有統一的格式，所以無法很簡單地比較。

除了營業報告書，日本企業發行的IR資料中，還有一種每年發行四次的《決算短信》*16，裡面的資訊也很豐富。不過這份報告只記載本年度與去年度的數字資料，如果你想看每年的數字變化，以

預測企業未來的走向，那這個資料就會稍微不足。

　　想要比較各個企業的經營狀況，最適合的資料就是**《上市公司四季報》***17了。四季報每年出版四期，按照統一的格式收錄所有上市公司的資訊。不僅如此，裡面還有過去5年的數字走勢和未來2年的預測，所以各項指標的數字走勢都一目瞭然。與其毫無頭緒地看年報，不如參考四季報，能更容易地掌握企業的整體全貌。

　　現在日本也推出iPhone版的四季報，透過手機可以更輕鬆隨時查看想要的資訊。如果有電腦，也可以購買光碟版的四季報，這樣就不需要整天扛著厚重的書到處跑了。

　　四季報以簡潔明瞭的標題和文章，針對每個企業所面臨的課題和未來的發展狀況進行評論。文章短小精悍，卻五臟俱全，讓我們可以很迅速大致了解該企業的整體情況。

　　也有人認為四季報的資訊量太少。但是只要你看習慣了四季報

16　類似台灣的季報及半年報。
17　台灣每季也會推出《四季報》，由《工商時報》發行。

的邏輯，就能從簡短的文章中挖掘出大量的資訊。例如衰退、下跌、低迷這三組標題的表現，就各有微妙的不同。

衰退——與去年同期相比，呈現負值

下跌——與前一季（3個月前）的業績預測相比，呈現負值

低迷——與過去相比，利益水準呈現負值

《上市公司四季報》中業績欄標題常用詞彙

	與去年同期相比	與前一季相比
正面詞彙	【史上最高收益】　【創新高】 【飛躍性成長】	【大幅增額】
	【盈餘大幅增加】　【急遽成長】 【持續成長】	【增額】 【增額幅度擴大】
	【盈餘】　【順利】　【後勢看漲】	【季增】
	【行情看漲】　【看漲】　【少量盈餘】 【復甦】	【上升】 【利益轉為增加】
中性詞彙	【停滯】　【平穩】	【虧損幅度縮小】
	【觸底反彈】　【跌到谷底】	【盈餘幅度縮小】
負面詞彙	【看跌】　【微虧損】	【下跌】 【利益轉為減少】
	【虧損】　【衰退】　【下降】　【回跌】	【季減】
	【大幅虧損】　【驟降】	【減額】 【虧損幅度擴大】
	【持續滑落】	【大幅減額】

《週刊東洋經濟》2009 年 8 月 15/22 日號

四季報中需要檢視的重要項目

在四季報中，首先需要確認的項目是**營業額與營業淨利**。透過檢視這幾年的走勢，看看這間企業的發展走勢是增收增益（營業額和利益一起增加），還是減收減益，藉此了解企業的未來發展趨勢。如果增收減益，則說明企業內部產生較多浪費，如果減收增益，則說明企業的盈利能力增強。

現金流量也是很便利的指標，藉由這個指標，我們可以了解對企業而言至關重要的資金週轉狀況。在年報中，現金流量表下還羅列了很多細項，但在四季報中，則清楚地條列了營業現金流量、投資現金流量、融資現金流量等數字。若想要了解企業的現金流狀況，光靠這些數字就能大概理解八成左右。營業現金流量若為正

數，說明基本上這家企業的營業活動還在正常運作。

計息負債也是四季報才看得到的便利指標。因為年報中，計息負債都分散記錄在不同科目下。而四季報則加總了這些科目的數字。有了這個指標，我們可以馬上知道這間企業到底有多少負債。與股東持份、總資產、營業額和營業現金流量比較，可看出該企業的負擔有多重，又需要多少時間才能償還這些債務。

接下來，我們就用四季報的資訊，具體來看看日本手機市場競爭激烈的兩家公司NTT DoCoMo和KDDI（au）的營運狀況。

NTT DoCoMo的營業額和營業淨利呈現平穩狀態，營業現金流

NTT DoCoMo

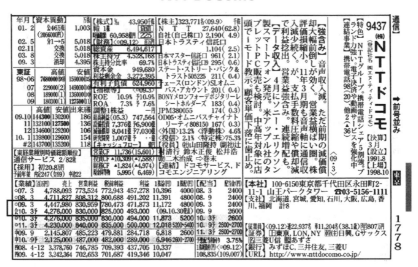

《上市公司四季報》2010 年第 2 期）

第七章・四季報閱讀秘訣

256

量為正數，計息負債為6,249億日圓。KDDI的營業額和營業淨利也是平穩狀態，營業現金流量為正數，計息負債為7,075億日圓。

　　兩家公司看起來都沒什麼問題，不過請大家注意一下計息負債的金額。NTT DoCoMo是6,249億日圓，相對地，KDDI則是7,075億日圓。看起來，似乎KDDI 的負擔要大一點點。

　　但是，請大家再看兩家總資產的部分。NTT DoCoMo的總資產是6.5兆日元，而相較之下KDDI只有3.5兆日圓。從計息負債的占比來看，NTT DoCoMo的計息負債為總資產的十分之一，而KDDI的計息負債卻占了總資產的五分之一。這下就能看出，KDDI的企業運作

KDDI

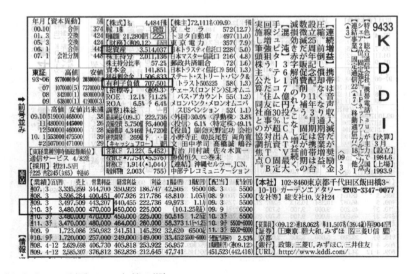

《上市公司四季報》2010 年第 2 期）

會計思維，你的最強理財武器

相當依賴計息負債。

　　接下來看看軟銀的四季報。雖然營業額和營業淨利雙雙增加，營業現金流量也是正數，但計息負債居然高達2.3兆日圓。軟銀的總資產是4.3兆日圓，由此可知其總資產的一半以上都是來自計息負債。如此龐大的計息負債，對軟銀是沉重的負擔？或是有足夠的能力償還？因對軟銀的評價不同會產生不同的答案及結論。

　　除此之外，我們也可以關注股價的走勢。四季報中記錄有過去3年和最近4個月的最高價和最低價，可以根據這些數字來大致掌握適當的股價區段。

軟銀

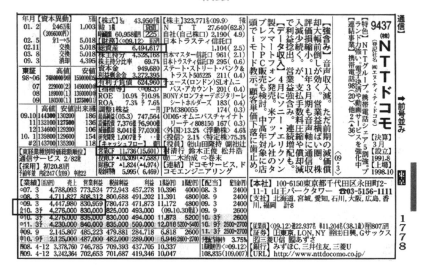

《上市公司四季報》2010 年第 2 期)

順道一提，員工人數與平均年齡、平均年薪也是需要確認的項目。有了這些數據，我們就能很容易想像出這間企業的員工狀況。

如何解讀員工人數（例）

- 員工人數多，平均年齡低，平均年薪低。

  → 儘管現在成本較低，但可預期未來人事費用支出會增加。

- 員工人數多，平均年齡高，平均年薪高。

  → 人事費用還有重組的空間。如果這個數值一直持續，那麼可以判斷這間企業沒有人事重組的意願。

- 員工人數少。

  → 雖然看起來是有效率的經營，但也隱藏著可能因員工集體離職導致經營無法維持的風險。

- 成立時間久遠，但平均年齡低。

  → 員工平均工作年資短，表示對員工而言，可能不是一家能夠安心久有待的公司環境。

從人事變動和「繼續經營疑慮」，
判斷企業是否危險

　　四季報中還記載了企業幹部的人事資訊，這也是需要確認的項目。如果幹部頻繁地變動更換，就不是一個好徵兆。尤其是財務主管更換頻繁的話，那麼需要警覺該企業的財務可能有點問題。

　　除此之外，當出資者兼任董事長的企業，副董事長經常換人（同理，出資者兼任集團主席的企業，董事長經常換人），也不是好預兆。因為這就證明擁有權力的老闆比較專制，對於不順自己心意的員工直接開除。也表示該企業的老闆與經營團隊之間容易引發衝突。順道一提，只要查看股東資訊欄位，就能知道該企業的出資者是否也兼任董事長。

　　此外，如果從外部聘請的幹部經常換人的話，說明這個企業的

整體氣氛可能比較排外。

　　如果你跟某企業有直接的生意往來，你可以關注第一線的業務負責人。如果也是頻繁換人，說明這個企業可能發生了什麼問題。

　　此外，日本四季報中的特刊頁面會有〈持續經營具風險公司一覽表〉，會直接評斷這間企業未來的發展狀況。

　　在決算短信中，如果企業今後的經營可能難以為繼，就會被加上「企業繼續經營疑慮」的註記；而如果企業對危急狀態已經確實提出相應措施，則決算短信中會加上「企業持續經營重要事項」的註記。

　　如果是透過網路公開的企業資訊，一般這類資訊都會不易找到。而書面的四季報則會將這些資訊彙整到一覽表中，方便參考。

決算短信的文字部分是重點

在決算短信中，應當注意的地方不是數字資料，而是文字部分。在決算短信中，第一部分是顯示業績數據的「摘要資訊」，接下來則是「質化資訊和財務報表等」的部分。而第二部分質化資訊的前半段，文字敘述要多於數字資料。

這部分文字一般會先簡明扼要地介紹業界動向、該企業在這段時間如何活動，以及未來的業務計畫走向等。

這部分內容是由企業的行政部門或會計部門的內部人員撰寫，所以當然多少會寫出對公司有利的部分。或是故意不提及業績不好的部門或業務，將業績不佳原因歸咎於外部環境等等。只不過，業績不好就是不好，看看這家公司如何看待自身業績不佳的事實，以

及用什麼原因說明，也不是件壞事。

　　此外，也可以從這部分了解企業的策略，例如，要如如何克服不景氣的狀況、會如何規畫明年的發展策略等等。這些都是只看會計數字無法獲知的資訊。**很多資訊只有透過質化資訊才能了解**，只看量化資料根本看不出來。

　　當然，如果對這部分的內容全盤相信也會有問題，我們還是需要比較第三方的客觀評價。這時，專業分析師的判斷和四季報就很有幫助。

當四季報的業績預測 高於企業自己預測，就可以「投資」

　　由企業發表的業績預測，也是需要留意的部分。日本的投資的人之間流傳著這麼一句回文：**「預測是假的」** *18。可見業績預測也不是那麼複雜微妙。通常認真經營的企業大多比較保守，所發表的預測業績數字也會比較保守，而捉襟見肘的企業，多半希望可以被高估，所以發表的預測業績數字通常都會比較帶有期待性。

　　此外，即使企業並無惡意，但當今的經濟環境瞬息萬變，難以做出精準的預測，從這點來看，其結果也可能會變成虛假的預測。

　　如果是在日本泡沫經濟的時代，產品需求高、供不應求，基本上所製造出來的商品，都可以賣掉。但是現在來到供過於求的時代，變成「選擇權」在消費者手上。在眾多的產品與服務當中，該

企業所生產的商品是否能受到青睞，實在無法預測。最終，預測就變成了騙人的數據。就真的應證了「預測是假的」這句回文。

　因此，如果有企業自家的業績預測，低於公司四季報的預測，那麼這家企業很有可能是極為慎重地提出業績預測，這麼一來，也可以判斷這家企業的股票值得買進。

18　日文原文是「よそうはうそよ」（yo sou wa uso yo），不論正著念或反著念，發音、意思都相同。

能被 NHK 報導的企業值得信賴

　　平時我們不經意收看的電視節目當中，其實也隱藏著理財秘訣。那就是公信度高的電視節目以專題介紹採訪過的企業，一般來說都比較安全。總而言之，如果在電視上看到了某家上市公司，那麼我們可以立刻判斷：「這間公司短期內應該不會破產」「看來這間公司的股票可以買」。

　　為什麼敢下這樣的判斷呢？

　　這就要從電視台的特性說起了。

　　電視是能夠影響很多人的公共媒體，所以電視台不會無故做出損害自身公信力、危及立身之本的行為。「電視節目介紹的企業，沒多久後就就倒閉了。」如果出現這樣的情況，不僅會損害電視節

目的公信力，還會變成其他競爭媒體拿來攻擊的把柄，所以電視台的工作人員在評估製作及採訪的內容時，無論如何都會盡量避免這種情況發生。

為此，越是不受收視率影響的節目，在選擇要報導的企業之前，越會慎重地評估、確認該企業是否有問題。而電視台除了財經線的記者外，還有社會線、司法線的記者，可以從各部門收集該企業的相關資訊，綜合做出判斷。

反過來說，我們也可以判斷，電視節目以專題介紹報導的企業，是通過了層層檢驗確認的實力企業。

尤其在日本，NHK是直接跟國民收取視聽費用，所以製作節目時，會更加小心謹慎，不讓自身的公信力受損。此外，即使是民營電視台也一樣，如果財經節目介紹的企業沒多久就倒閉了，也會讓觀眾對電視台產生不信任感，提出「你們真的懂財經嗎？」的質疑，因此，這類型目都會仔細地調查要介紹的企業的財務狀況。

要懂得質疑會計知識

　　會計知識不僅可以運用在股票投資、授信管理（判斷對方是否值得信任）上還能活用於業務話術、談判以及企畫上，是非常方便的知識。但是如果過度信任它，有可能會讓你大跌一跤。

　　我最初任職的公司，雖然每年持續增收增益，不過卻正好在我進公司的前一年發生減收減益的情況。當時對於會計知識並不十分了解的我，看到了如此悽慘的數字，判斷那間公司可能快要破產了，於是提出辭職。結果沒想到那間公司後來再次恢復增收增益的強勁態勢，如今已經成為業界數一數二的龍頭企業。

　　事後回想起來，其實那間公司當時正在進行組織重組，所以才產生了減收減益的情況，而經過調整後，企業的體質變得更加「精

實」，新的組織結構促使了企業的持續發展。當時的利益縮水，不過是為了實現新生而經歷的「短暫陣痛」罷了。

　　如果過於依賴一知半解的知識，就可能會犯下類似的錯誤。會計不僅需要學習，還需要實踐。僅靠書本上學到的知識就想精通，實則是妄想。以書本知識為基礎，再應用在日常生活之中是絕對必要的。然後當你完全掌握了它們之後，再以謹慎的態度，將之運用在更大的決定與行動上。

　　一般來說，第一次接觸會計的社會人士，**至少需要一年的時間反覆學習和實踐。**

　　至於為什麼一定要付諸實踐，是因為會計處理的只是量化資訊。在這世上大多數的判斷，是同時需要借助量化資訊和質化資訊的。只看數字資料是肯定不夠的，還必須能夠想像出數字之下所隱藏的實際情況。即使是顯示為減收減益的數字，我們還是需要搭配質化資料，才能從中判斷這間企業是被消費者拋棄了？還是正在企業重組？

看清數字與實際情況

　　看到這裡，我想大家應該很清楚，為什麼不能只看數字就下判斷了。因為有許多光靠數字無法呈現的判斷要素，會因此被遺漏。

　　像這樣只看數字做分析，可能會產生誤判，例如只拿產業平均數來做比較的判斷方法。

　　透過日本中小企業廳公布的「中小企業實態基本調查」，或TKC*19所發布的「TKC經營指標」，可看到各個產業的標準結算數字。但是這種比較數字資料的方法，並不見得一定有助於判斷。

　　在產業之中，有運作良好的公司，也有經營慘澹的公司。並且在很多產業中，經營得好與經營得差的公司是涇渭分明。那麼將佔了優勢的公司和處於劣勢的公司加總算出平均數，結果會如何呢？

結果就是出現了既不是贏家也不是輸家的奇怪公司。這種是在現實市場中不可能存在，虛構的公司。

如果以這種虛構公司為標準來經營公司，會出現什麼樣的結果呢？我想一定是不上不下的半調子公司吧。在勝負分明的市場中，這樣的公司就表示著失敗。當你以業界平均值來當作標準時，這間公司就已經註定失敗。

與其拿業界平均值當作標準，還不如**把業界龍頭企業當作標準**更好。為什麼那家企業能夠立於不敗之地？公司的收益結構是怎樣？即使不能馬上複製別人的模式，也要一點點地追趕上去，這才是在激烈市場生存下去的必要條件。

我們總是容易被容易理解的數字給牽著鼻子走。但是在數字背後，其實還有企業的實際狀況。如果不去觀察企業的實際情況，那麼我們肯定會錯失非常重要的資訊。

---

19 指的是 TKC 日本稅理士全國會，對各地稅理士會員提供指導、聯絡、監督等服務。

四季報內容就包含編輯部及分析師對企業作出的評價。雖然如何看待企業的實際狀態，可能每個人都有自己的習慣或偏好，不過這些觀點，也能成為幫助我們掌握企業實態的材料之一。

　　以量化的數字資料，搭配可呈現出企業實際狀態的質化資訊，再作出判斷。這時，四季報就是非常有效的好幫手。

第　八　章

「超越」
會計思維
秘訣

8

營業額是企業的力量

一般剛入門的會計新手會注意營業額的走勢，而水準達到中級的人會發現利益的重要性。但如果晉級為會計高手後，就會發現，**企業的力量來源還是靠營業額。**

為什麼這麼說，因為企業無論是想重組、刪減經費或展開新事業，如果沒有先達到一定程度的營業額規模，一切也無從談起。營業額增加，顯示顧客認為企業提供的產品和服務物有所值，值得花錢去購買。而且正是有了這樣的顧客基礎，企業才有資格去談重組或展開新事業。

不僅如此，在某種程度上，成本是很好掌控的，不過商品的銷量卻是由消費者來決定。所以想要提高營業額，就必須絞盡腦汁，

想盡辦法讓消費者選購自家產品，而這卻不是那麼容易能控制的。營業額不是企業主觀可以決定的東西，而是包含著他人參與其中，客觀且公平的價格。所以我們才說，營業額才是企業的力量。

雖說資產也同樣可以顯示企業的實力，但不同於營業額，資產因為計算方法的不同，其價值也會有極大的出入。該資產是以購入時的帳面價計算，還是按照時價計算，最終得出的資產價值都大不相同。從這點來看，就無法說資產是公正的價值。

但是營業額卻是很公正的價格。如果這個產品的這個價格無法得到消費者的認同，自然就不會被購買，也不會產生營業額。所以我們可以說，營業額是公正的指標。

最近越來越流行「經營瘦身」，不少人開始批判一味追求營業規模的經營方式。這種想法肯定有其道理，不過，另一方面，似乎也過分低估了營業額的價值。會計高手正是因為了解作為公正價格的營業額的意義，所以能夠做出適當的評價。

在本章中，我將介紹一些超越這類正統會計思維框架的「超」會計思維。

訂價是經營者的工作

京都陶瓷公司名譽會長稻盛和夫曾說，**訂價是經營者的工作**，並強調此事的重要性。決定企業的產品和服務該以什麼價格銷售，需要絕佳的經營判斷能力。

創業之後，最辛苦的事也是訂價。要如何客觀地訂出價格？在沒有相關指標的情況下要如何決定？這些都是難事。因為訂價是決定產品和服務的公平價格的必經過程。

關於這點，一般的上班族無須煩惱，因為自己的薪水有多少，都是基於公司既定的評價標準決定的，等於把給自己訂價的權力轉讓給了公司。雖說如此一來，我們不用關心訂價的事，也算是無事一身輕，但另一方面，也等於永遠學不會站在經營者的角度來思考

問題。

　所謂的經營者角度，指的是具有可以冷靜判斷自身公平價值的客觀性。如果把這種判斷交給別人去做，那會怎樣呢？肯定就很容易爆發主觀的不滿情緒，也就是變得容易抱怨。這就是經營者和普通員工之間的思維差別。

　一般的訂價方法，大致可分為兩種。一種是**成本導向訂價法**。這種做法是把成本加上利益，得出產品價格。因為是一邊算成本一邊訂價，所以不存在定價低於成本價的風險，而要加上多少利益，也是自己全權決定。

　但是，用這種方法定下的價格，能否被市場接受不得而知。此外，也沒有考慮競爭對手企業的狀況，因此有點難以此作為公正價格來銷售。不僅如此，如果有顧客認為該產品的價值高過「成本＋利益」公式算出來的價格，那麼也就白白錯失了原本應該獲得更多的利益。

　於是便有了另一種訂價定價方法，那就是與其他公司比價的**競爭導向訂價法**。比較其他競爭公司的同類型產品或服務，訂定下一

個適當的定價，是一種策略性的訂價方式。

為了爭取市佔率，而不惜將銷售價格壓得比成本還低，這種方法叫作**市場滲透訂價法**。例如，Play Station遊戲機剛推出時，索尼公司是以低於成本價的價格銷售的，因此產生了龐大的赤字。這種訂價法靠著低價策略迅速佔領市場，然後藉由銷售遊戲軟體，以及降低遊戲主機的生產成本來獲取更高利益。

而與其相反的另一種方法，叫作**吸脂訂價法**。這種方法是在產品上市初期大膽地將價格訂高，以儘快回收研發費用。同樣是索尼公司，在銷售以有機材料製作的薄型電視「XEL-1」時，11吋的定價高達20萬日圓，與其他液晶電視或平面電視相比，的確是壓倒性的高價。如果能夠儘快回收研發成本，那麼之後就能夠大幅降價，進而提高價格競爭力。

但另一方面，因為定價高，其缺點就是較不易滲透市場。如果消費者沒有其他同類型產品可買，倒也無虞。但是有液晶電視跟平面電視等其他替代品，銷量肯定就很難提升。結果，這款電視最終退出市場，慘澹收場。

這種以比較的方式進行的訂價設定，其過程很容易受到其他廠商的影響，因而無法只依靠會計上的成本計算基礎來決定定價。

打動人心的心理價格

訂價時，不以成本導向訂價法，而採取競爭導向訂價法，讓企業也能將競爭對手的狀況納入考慮範圍。但即便如此，這個方法還是漏掉了一個重要的因素，那就是人的心理因素。

人們即使知道名牌的成本價低得驚人，也依然樂此不疲地爭相搶購；看到1,980日圓這種非整數的定價，就感覺有便宜到，完全是憑感覺來判斷要不要購買。要是名牌也按照成本導向訂價法，應該會讓消費者對它們的印象瞬間崩潰吧。

毋庸置疑，在為產品訂價時，成本以及其他競爭對手的狀況非常重要，但是也不能忘記最能突破消費者心理的訂價設定，那就是**心理價格**。

這裡希望大家特別注意的是名牌的品牌效應。品牌效應一般是不會顯現在會計報表上的，因為很難用公平價格來計算[20]。

但是如果善加活用這個隱藏在會計數字背後的力量，可能會讓我們訂出一個能獲得極高利益的價格。這正是超越了會計思維所建立的價格結構。

那麼，該如何培養這種品牌效應呢？

我任職廣告公司時，曾聽到過這樣的論調：「不要把廣告費看作成本，而應該看作投資，是為了品牌而應該投資的錢。」確實，隨著廣告的熱播，品牌知名度也會節節攀升，品牌效應也自然水漲船高。

然而這種依靠重金投資包裝出來的品牌，如果沒有相應的實力，相信很快就會被看破。廣告公司所提出的「廣告費是投資」說法，某種程度只是對廣告公司自身有利的言論。

那麼能夠產生品牌效應的本質到底是什麼呢？如果要給個關鍵字的話，我想應該是**超出預期**吧。面對同樣的價格，如果你只是提供同等價值的商品或服務，那麼很難有所積累。只有提供高於價格的服務，才可能慢慢地培養出品牌力。

20 當然也有例外，那就是當品牌被併購時，是以「品牌效應」來計算。透過交易在被認可為公正價格之後，品牌效應才會成為資產。

麗池卡爾頓酒店（The Ritz-Carlton Hotel）提供超乎預期的服務，解決客人的困難，因此締造了一個又一個神話，在業界廣為流傳。例如，曾有一位客人把演講資料忘在房間裡。沒有了這份資料，演講根本無從談起。這時快遞給客人顯然已經來不及了，飯店員工知道這情況，於是立即奔赴現場，親手將資料交到客人手上。

看到這樣的舉動，或許有人會覺得有點虧本，應該要責難員工。然而，正因為這樣一次又一次地提供超出客人預期的服務，才累積出今天麗池卡爾頓的品牌力。

如果只從會計策略的角度來看，提供高於等價價值的產品或服務，會造成企業的損失。但是，沒有損失的等價交換，對客戶而言，也只是一場不賺不賠的交易。那麼，該如何提供高於價格的附加價值呢？

神戶女子學院大學名譽教授內田樹認為：「勞動在本質上就是提供『超出預期』的價值。」對於已經拿到手的薪水，應該怎樣去回饋？這種義務感和負債感正是勞動的本質，所以人才會一不小心就奉獻出遠超過薪水的回饋。

然而這些付出，又會以另一種形式回饋給自己。對上班族來說，它可以是客戶對你的信任，可以是你在公司內部的評價上升，也可以是工作技能的提高，這些都是你獲得的東西。

如果是企業的話，這個收穫就是品牌效應了。提供超乎預期的

服務，最後還是會獲得相應的回饋。所謂的經濟，與其說是嚴謹的等價交換，不如說是在付出與收穫的時機之間，取得一個最佳的平衡點。

在會計觀點上必須要避免的「提供過多價值」，如果轉移到打造品牌效應的時候，卻是需要積極地付諸實踐。企業經營，需要的正是這種超越會計思維的經營判斷。

免費是最強武器

有一種可以實現這種「超出預期」的終極訂價策略，那就是「免費提供」。既然沒有要拿回等價報酬了，那麼免費提供的價值，自然也全都是超出預期的服務。

免費策略的威力非常強大。這表示放棄營業額，但也可說是交易上的無敵王牌。這也難怪，《免費！揭開零定價的獲利祕密》這本暢銷書很受到關注。免費的東西自然人人想要，這本書講述的就是如何從免費出發，然後最終將之轉化為營業額的方法。

在這世上，沒想到「免費」的服務其實還挺多的。例如免費加班就是其中之一。雖然加班也沒有加班費，但是員工基於與公司的關係而無償地奉獻自己。也正因為有這種奉獻，才能獲得長期確保

薪水這一營業額的好處。

如果你對免費加班的情況覺得不滿，就會形成壓力。不過，如果你能花點心思，把免費加班和往後的晉升、在公司內外的積極表現這些個人的營業額相連結，那麼這種免費策略也不算是什麼苦差事了。你就也可能做出超越短期虧損的判斷。

這類積極的免費策略，往往會產生意想不到的效果。除了未來會發生的營業額外，還能學到專業技能，建立信賴關係。而用這種方法建立起的信賴關係，便是金錢無法買到的品牌效應。這種信賴，之後會轉換成生意及金錢回到自己身上。

事實上，我也是靠著免費策略出道出書的。當時有一個叫作「會計師補會」的團體，算是聯繫新人會計師的組織。某次，一位前輩邀請我一起參加聚會，正好就是那個組織的聚會。在聚會中，我被選為幹部，要義務舉辦各種活動。由於是會裡負責日常雜務的人，所以除了麻煩還是麻煩，沒有什麼好處，但是我還是設法將它與未來連結。結果半年後的幹部評選時，我被選為宣傳組長。

因為宣傳組長的身分，我結識了很多人，最終讓我有機會在專營會計師考試的專門學校的校刊上開始了連載。那就是《女大學生會計師事件簿》系列。

當時的連載，只是為了滿足自己的表現欲，所以是無酬的。不過經過了一年的連載，也積累了不少的文字量，我想著不如集結出

版成書，結果沒想到一推出就成為暢銷書。

雖說只是專門學校的校刊，但讀者也有5萬人之多。而且與一般雜誌相比，它可以作為枯燥學習生活的調劑，能在課間的休息時間細細閱讀。透過無酬的連載，讓我在不知不覺中擁有了5萬名讀者。

而且，學校的學生考到會計師執照後，就會畢業離去。也有入學後從中途開始看連載的學生，也就是說，大多數的人都只讀了連載的一部分。這麼一來，自然會有人想要看完整的故事。於是我便在這樣的天時地利人和的狀況下，出版了《女大學生會計師事件簿》系列書籍。

最初是自費出版，完全是為了滿足自己的虛榮心。因為控制成本，所以一開始先印了3,000本。後來在各種因素的發酵推動下，竟然也賣出了6萬多本。

自2002年連載開始，直到現在已經進入第8年。現在仍然是無酬連載，因為我深知這個免費策略最終為我我帶來龐大的營業額。每年，透過這本校刊，我又和更多的新讀者建立起了連結。

還有一個小小的優點，那就是省去了填寫請款單的麻煩。為了幾千日圓的稿費，還要特地開立請款單，這樣的程序對雙方來說都是個麻煩。與其這樣，還不如免費刊登，這樣就也不需要填寫請款單，省去了我不少麻煩。

大眾文化有個特性，就是如果不壓低成本就很難普及。電視催

生出了電視文化，我想有很大的原因是因為可以免費收看。網路上的許多內容，也正因為大多是免費的，所以網路為社會帶來了極大的變化。

　　由此，我們也能從這個舉例看出，超越會計思維的判斷能帶來多大的影響。

熟客才是生意長久的根本

　　不過，品牌效應並不是企業的「所有物」。它不是企業所擁有的東西，相反的，它是存在於每一位顧客心中的品牌形象的總和，然後成為品牌，擁有了力量。從這個意義上看，或許我們也可以說企業不過是替顧客「暫時保管」品牌罷了。品牌其實是屬於這個品牌的忠實粉絲的。

　　為了更具體地理解這種依靠粉絲所支撐起來的品牌形象，我們以娛樂界來舉例說明吧。

　　娛樂界的營業額計算很簡單。像是劇場和體育場這種依靠觀眾購票作為收入的地方，就是**觀眾座位數X單價＝營業額**。

　　而費用部分，除了負責表演的人員費用之外，還有場地費、保

全及工作人員等費用。這些費用是固定的,基本上不會受到觀眾數量的變化而發生變動。所以,如果座位沒有全數售完,那麼營業額就會減少,然後也直接影響利益的降低。

所以,這樣的商業式可以採取兩種方法來提高營業額。

一個是**大幅提高觀賞場地的容納人數**。如果將幾千人規模的活動,變成幾萬人規模的活動,那麼營業額就會提高10倍,但是成本卻不會增加太多。至少表演人員是一樣的。像日本搖滾樂團GLAY或是偶像天團嵐這種藝人,動輒就能動員上萬人來參加演唱會,他們舉辦活動的收益就相當可觀了。

而另一個提高營收的方法,便是**重複同樣的表演**。同樣的設備,同樣的表演內容,日本全國巡迴一輪,也會帶來加乘的收益。

然而這兩種方法,很顯然還是有其極限。因為每一次的演出,都必須去吸引到還未看過表演的新觀眾。這就像刀耕火種的原始農耕方法一樣,在這片農地採收完之後,就轉移到下一塊農地去種植。但是這種做法,對事業而言根本無法有持續性。

於是,確保顧客能夠多次來觀看演出就變得特別重要。如果顧客能夠變成熟客,那麼即使是同樣的演出內容,也能夠持續動員觀眾前往觀看。而表演如果能成功培養出一批死忠熟客,就可以成為長期公演。在日本的舞台劇市場上,像是歌舞伎或四季劇團等,也都是靠著那些經常來捧場的熟客而得以持續經營。

要如何讓每次前來的顧客感到滿足，以及如何讓第一次前來的顧客變成熟客，這就是讓事業得以持續的關鍵所在。

　　在其他的商業領域運用這個視角也同樣重要。如果事業是以「刀耕火種」的方法去發展，那肯定無法長久下去。「買了一次之後，不會有下一次」這種商業模式，即使能短暫地帶起風潮，也完全看不見未來。

　　事業的持續性並不是由企業規模或資產多寡來決定，**而是由商品的熟客，也就是粉絲來獲得保證。**

　　營業額中有多少是由熟客所貢獻的，單從會計數字很難看出來。配合會計數字資料，來掌握企業的實際狀態，尤其是掌握顧客的實際狀態，才是關鍵中的關鍵。

會計與行銷為一體兩面

在供不應求的年代，這種熟客問題並不十分重要。如何才能更快、更便宜地製造出商品才是重點，因為只要做出來就肯定能賣掉。換句話說，也就是無須考慮生產出來的商品賣不出去、累積為庫存的問題。

然而，現在大多數的物品都已經普及，民眾的物質生活極其豐富，經濟高度成長期那樣的龐大市場需求，早已不存在。只要生產出來就一定賣得掉的時代，已經一去不復返了。更糟糕的是，許多廠商製造出過多類似的商品，導致供過於求。需求變少而供給變多，在這樣的時代，庫存就是決定生死的關鍵。透過市場行銷來喚醒消費者的需求，同時再根據需求管理庫存，就變成企業經營的重

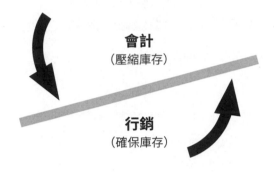

行銷與會計是一體兩面

會計
（壓縮庫存）

行銷
（確保庫存）

要課題。

　　行銷與會計，其實是中間夾著庫存管理的一體兩面。兩者需要確實互相結合。從會計的角度來看，庫存必然是越少越好，在日本還有人認為「在庫」就是「罪庫」。而另一方面，從行銷的角度來看，庫存過少，則有可能會白白錯失一些銷售商機。

　　庫存過多就需要報廢導致虧損。而庫存過少則會造成機會損失。會計和市場行銷隔著庫存的因素，相互糾纏、彼此對抗。

　　不僅僅製造業如此，服務業亦然。服務業的庫存就是人才。員工過多就會產生剩餘人力，員工過少，又會忙不過來。在會計思維中，會盡可能削減人事費用，而行銷觀點則認為人事縮減過頭，又

可能有錯失商機的風險。這時，如何在兩者之間尋求平衡也是同樣重要。

　　就像這樣，讓庫存保持在一個適當的平衡點，對於發展事業來說非常重要。如果我們僅從會計視角來判斷，就必然會錯失行銷的要素。只有結合價格設定、免費策略、品牌效應和掌握熟客等行銷策略，會計思維才真正能夠活起來。

會計、行銷與創新

本書想要傳遞給大家的是會計思維並非萬能，會計思維也只是以某種特定觀點看待事物的方法而已。說到會計的缺點，就是它只能看到現實的一個面向，有時會錯過其他重要的要素。

這個看不見的部分不會呈現在資產負債表上，也就是那些沒能列在資產負債表上的項目。在本章中，我們透過討論品牌效應等沒有被放進資產負債表的要素，指出了會計思維的局限性。

主要是從行銷的觀點，將一些會計看不見的東西挖掘出來。不管是會計中出現的計算，或是行銷中產生的感覺，這兩種立場都是很重要的。

然後還有一個很重要的觀點，那就是創新。

管理大師杜拉克對管理的功能提出了以下說明：

「企業的目的是創造客戶，所以企業有兩大基本功能，即行銷與創新。這兩大功能才是創業家的功能。」

想要創造客戶，除了行銷，創新也必不可少。而就會計而言，創新這個要素一般都會被排除在資產負債表之外。

例如，能夠開發新技術的優秀員工、經驗豐富的資深員工，或公司內部積累的知識技術等，這些都不會寫入資產負債表。這些因素和與行銷有關的顧客基礎一樣，在會計思維上都很容易被忽視。

會計視角會將這兩大重要功能排除在外。所以不難想像，僅靠會計思維來做判斷必然會犯下大錯。

但是反過來，如果完全不從會計視角考慮，便進行行銷或創新，必然也很危險。

對我們而言，客戶是誰？需要怎樣的行銷策略？應該展開怎樣的創新？時刻牢記這些被排除在資產負債表之外的要素，並且發揮會計知識的長處，才是必勝的王道。

會計思維（二版）
你的最強理財武器

会計Hacks!

作　　　者	小山龍介、山田真哉	
譯　　　者	阿修茵	
責 任 編 輯	王辰元	
封 面 設 計	萬勝安	
內 頁 排 版	黃畇嘉	
發 行 人	蘇拾平	
總 編 輯	蘇拾平	
副 總 編 輯	王辰元	
資 深 主 編	夏于翔	
主　　　編	李明瑾	
業　　　務	王綬晨、邱紹溢	
行　　　銷	廖倚萱	

國家圖書館出版品預行編目(CIP)資料

會計思維：你的最強理財武器 / 小山龍介，山田真
哉著；阿修茵譯. – 二版. – 臺北市：
日出出版：大雁文化發行, 2023.8
　面；　公分
譯自：会計Hacks!
ISBN 978-626-7261-62-0 (平裝)

1.家計經濟學 2.家庭理財

421.1　　　　　　　　　　　　　112009993

出　　版　日出出版
　　　　　台北市105松山區復興北路333號11樓之4
　　　　　電話：（02）2718-2001　傳真：（02）2718-1258

發　　行　大雁文化事業股份有限公司
　　　　　台北市105松山區復興北路333號11樓之4
　　　　　24小時傳真服務 ：（02）2718-1258
　　　　　Email：andbooks@andbooks.com.tw
　　　　　劃撥帳號：19983379　　戶名：大雁文化事業股份有限公司

二版一刷　2023年8月
定　　價　480元
I S B N　978-626-7261-62-0
I S B N　978-626-7261-59-0（EPUB）